谁种谁赚钱·设施蔬菜技术丛书

图说15种食用菌精准栽培

常有宏 余文贵 陈 新 主编

宋金俤等 编著

U0246554

中国农业出版社

编著者

宋金俤　华秀红

林金盛　曲绍轩

马　林　侯立娟

李辉平　秦绍新

我国农民历来有一个习惯，不论政府是否号召，家家户户都要种菜。

在人民公社化时期，即使土地是集体的，政府也划给一家一户几分"自留地"种菜。白天，农民在集体的土地上种粮，到了收工的时候，不管天黑，也不顾饥肠辘辘，一放下工具就径直奔向自留地，侍弄自家的菜园。因为，种菜不仅可以满足一家人一年的生活，胆大的人还可以将剩余的菜"冒险"拿到市场上换钱。

实行分田到户后，伴随粮食的富余，种菜的农民越来越多。因为城里人对蔬菜种类和数量的需求日益增长，商品经济越来越活跃，使农民直接看到了种菜比种粮赚钱。

近一二十年来，市场越来越开放，农业生产分工越来越细，种菜的农民也越来越专业，他们不仅在露地大面积种菜，还建造塑料大棚、日光温室，甚至蔬菜工厂等，从事设施蔬菜生产。因为，在设施内种菜，可以不受季节限制，不仅一年四季都有新鲜菜上市，也为菜农增加了成倍的收入。

巨大的商机不仅让农民获得了实惠，也使政府找到了"抓手"。继"菜篮子工程"之后，近年来，各地政府又不断加大了对设施蔬菜的资金补贴，据2010年12月国家发展和改革委员会统计：北京市按中高档温室每亩1.5万元、简易温室1万元、钢架大棚0.4万元进行补贴；江苏省紧急安排1亿元蔬菜生产补贴，扩大冬种和设施蔬菜种植面积；陕西省安排补贴资金2.5亿元，其中对日光温室每亩补贴1 200元，设施大棚每亩补贴750元；宁夏对中部干旱和南部山区日光温室、大中拱棚、小拱棚建设每亩分别补贴3 000元、1 000元和200元……使设施蔬菜的发展势头迅猛。截止到2010年，我国设施蔬菜用20％的菜地面积，提供了40％的蔬菜产量和60％的产值（张志斌，2010）！

万事俱备，只欠东风。目前，各地菜农不缺资金、不愁市场，缺的是技术。在设施内种菜与露地不同，由于是人造环境，温、光、水、气、肥等条件需要人为调节和掌控，茬口安排、品种的生育特性要满足常年生产和市场供给的需要，病虫害和杂草的防控需要采用特殊的技术措施，蔬菜产品的质量必须达到国家标准。为了满足广大菜农对设施蔬菜生产技术的需求，我社策划出版了这套《谁种谁赚钱·设施蔬菜技术丛书》。本丛书由江苏省农业科学院组织蔬菜专家编写，选择栽培面积大、销路好、技术成熟的蔬菜种类，按单品种分16个单册出版。

由于编写时间紧，涉及蔬菜种类多，从选题分类、编写体例到技术内容等，多有不尽完善之处，敬请专家、读者指正。

2013年1月

目 录

第一章

概　述

第一节　食用菌生产现状和发展趋势

一、食用菌生产现状

近十年来，我国食（药）用菌产业区域发展呈现南菇北移和西移的趋势。15年前的沿海省份如广东、福建、浙江、江苏发展较快，近10年以来山东、河南、河北、黑龙江、吉林、四川等逐渐成为产业发展的领头羊。

食（药）用菌产业已成为各区域经济发展的支柱产业。目前，全国有1 000多个食（药）用菌种植村、500多个基地县，其中产值达到亿元的有100个县、龙头企业2 000多家、从业人员2 500多万人；食（药）用菌产业已成为浙江庆元和龙泉、福建古田、河北平泉、吉林汪清、山东邹城等的农业支柱产业，其产值占农业总产值的40%～50%。

二、食用菌生产发展趋势

（一）从食（药）用菌生产大国向生产强国方向转型

尽管中国是一个世界食用菌生产大国，产量占世界第一，但并不是食用菌强国，主要问题是基础研究落后生产、产品质量不稳定等。中国正处在从大国到强国的过渡时期，我们应认清这一形势，积极应对国际形势的挑战，使我国食（药）用菌研究和生产进入一个更高的水平，真正展示我国食（药）用菌强国的魅力。

（二）产业内部分工细化，产业链不断延伸

从菌种专业化生产企业、菌包生产供应企业、食用菌生产技术服务队伍、食用菌产品销售经纪人，到产品初深加工企业、初级产品销售集散地、专业的食用菌产品销售队伍，业已形成了从技术支

持、生产、加工、销售一条龙的产业发展链条。

(三)栽培模式多元共存渐趋规范

中国多样化的自然地理条件决定了食用菌栽培模式的多维度划分指标体系，并呈现出多元栽培模式共存式发展。如按照菌种对基质要求不同划分，可分为木腐菌和草腐菌；按照培养料熟化程度不同，可分为生料栽培、熟料栽培、发酵料或半熟料栽培；按照生产单元和生产规模，可分为一家一户小规模栽培、工厂化中等规模栽培、工厂化大规模集约栽培等；按照机械化程度，可分为大中型全自动机械化生产、中型全自动机械化生产、小型半自动机械化生产和手工操作等。

(四)食(药)用菌的深加工产品多样化

目前，我国食用菌加工产品的主要形式有干制产品、冻干产品、盐渍产品、糖渍产品、罐头产品、保健饮品、食用菌浸膏产品、食用菌冲剂、食用菌糖果与休闲食品、食用菌即食食品、食用菌酱料、食用菌汤料，以及从食用菌中提取有效成分加工而成的食用菌药品、护肤品等。

第二节　具有市场竞争力的食用菌品种

金针菇　　　　　　　　　　　杏鲍菇

目前，我国成为世界上食用菌栽培种类最多的国家，我国能商品化生产的食(药)用菌达60多种，如香菇、平菇、金针菇、草菇、鸡腿菇、巴西蘑菇、毛木耳、木耳、银耳、灰树花、猴头、白灵菇、杏鲍菇、双孢蘑菇、竹荪、蛹虫草、海鲜菇、蟹味菇、茶树菇、灵芝、滑菇、鲍鱼菇、大球盖菇、姬菇、银耳、羊肚菌、裂褶菌等。在这些栽培种类中，除占市场主要份额的香菇、木耳、平菇、双孢菇、草菇、金针菇等传统种类外，一些珍稀种类如杏鲍菇、白灵菇、白玉菇、竹荪、蛹虫草、真姬菇、大球盖菇、茶树菇、灰树花、冻蘑等也极大地丰富了国内、国际食用菌市场。其中，栽培规模最大的种类是平菇、香菇、双孢蘑菇、木耳和金针菇；工厂化栽培的种类有金针菇、杏鲍菇、海鲜菇、蟹味菇、白灵菇、滑菇等，除此以外，其他多数的食用菌还是季节性栽培。这些食药用菌主要以鲜品、干品、罐头和盐渍品4种产品形式投放市场。从出口的情况看，以双孢蘑菇为主的加工品、鲜品和干品呈现三足鼎立的格局。以双孢蘑菇罐头、干香菇、其他伞菌类罐头、鲜香菇和鲜松茸的出口金额高达5 000万美元以上；以鲜松茸、鲜香菇、鲜金针菇为代表的鲜品将继续保持良好的出口势头；以灵芝、虫草为代表的药用菌出口形势将继续乐观；以白灵菇、杏鲍菇、灰树花等为代表的珍稀食用菌品种将继续走俏国内外市场。

蟹味菇

海鲜菇

草 菇

鸡腿菇

　　本书根据我国食用菌的发展趋势，选取栽培规模及市场份额较大、出口销量及市场前景较好的15种进行专门介绍，并按其栽培特性分为工厂化和季节化栽培方式。工厂化栽培的种类有金针菇、杏鲍菇、海鲜菇、蟹味菇和白灵菇等5种；季节化栽培的种类有双孢蘑菇、草菇、鸡腿菇、竹荪、平菇（秀珍菇）、香菇、毛木耳、蛹虫草、茶树菇和灵芝等10种。

白灵菇

双孢蘑菇

竹　荪

台湾秀珍菇

河北唐山香菇栽培大棚

江苏毛木耳

茶树菇

灵芝栽培大棚

蛹虫草生产后期

第二章

工厂化栽培食用菌

第一节　金针菇

金针菇，又名冬菇、朴菇、构菌、毛柄金钱菌，隶属担子菌亚门，层菌纲，伞菌目，口蘑科，金钱菌属。金针菇菌盖黏滑，菌柄细长脆嫩，味道鲜美，是一种具有较高营养价值的低温结实性菌类。由于其出菇同步性较好，目前工厂化栽培方式遍布全国，现已有工厂化瓶栽厂家60多家，袋栽厂家400多家，以金针菇为原料开发的产品有金针菇口服液、儿童增智饼干、奶粉、蜜饯等达10多种。金针菇在食品添加剂、医药领域也有广阔的应用前景。

一、生物学特性

（一）形态特征

金针菇菌丝白色，菌落呈棉绒状，有爬壁现象，菌丝老化时菌落表面呈黄色或淡黄色，容易在试管内形成子实体。

金针菇子实体丛生，工厂化栽培的菌盖直径0.3～3厘米，菌株有白色和黄色品系，形态特征略有差异。菌盖表面有胶质薄皮，湿时具黏性，边缘内卷后呈波状。菌褶白色或乳白色，凹生，稍密集，有褶缘囊状体和侧囊体。菌柄硬直，白色或淡褐色，空心，长5～13厘米，粗0.2～0.8厘米，上下等粗或上部稍细，孢子印白色，担孢子在显微镜下无色，表面光滑，椭圆形。

（二）生长发育条件

1. 营养　金针菇菌丝生长和子实体发育所需的营养包括碳源、氮源、矿物质和少量的维生素。碳源主要指单糖、纤维素、木质素，实际栽培中利用的碳源主要是棉籽壳、玉米芯等农副产品的下脚料和适宜树种的木屑。氮源是金针菇合成蛋白质和核酸的原料，栽培配料中麦麸、豆粕等原料含有大量的氮源，和其他菌类相比，金针菇工厂化栽培所需要的氮源量较高。金针菇需要的矿质元素有磷、钾、钙、镁等，所以在培养料中应加入一定量的磷酸二氢钾、硫酸钙、轻质碳酸钙等矿质养料。金针菇也需要少量的维生素类物质，培养料中麦麸、豆粉含有的维生素量基本可以满足金针菇生活需要，栽培中不再添加维生素类物质。

培养料

2. **温度**　金针菇属于低温结实性菌类，3℃以下也能缓慢生长；对高温的抵抗力较弱，34℃时菌丝就会停止生长。子实体形成的温度范围是5～18℃，原基形成的最适温度为12～16℃，在12～14℃时子实体分化最快，形成的数量多，6～8℃最适宜工厂化栽培中金针菇子实体的生长。

3. **湿度**　金针菇为喜湿性菌类，抗旱能力较弱。培养料含水量在60%～65%，培养阶段空气相对湿度在62%左右，菌丝生长最快，且不易感染杂菌。原基分化阶段的最适空气相对湿度为65%左右，出菇阶段空气相对湿度应控制在85%～95%，并根据菇体不同的生长阶段进行微调。

4. **空气**　金针菇是好气性菌类，在培养阶段和原基分化阶段，要适当加大通风量，才能保证菌丝健壮生长和原基正常分化与发育。较高的二氧化碳浓度能抑制菌盖生长，在栽培中可利用这一特性，在出菇阶段有意识地提高子环境中二氧化碳浓度，以便获得盖小的优质商品菇。

5. 光照 金针菇是厌光性菌类，菌丝培养阶段不需要光线。在原基分化阶段需要适当给予弱光照刺激诱导原基发生，在出菇阶段要给予适当的光线刺激，这样可以有效调控子实体的整齐度，培育出优质商品菇。

6. 酸碱度 金针菇适合在弱酸性环境生长。在pH5～8的范围内菌丝均可生长，最适pH6～6.5。子实体生长时，培养料以pH5～6为宜。在金针菇生产中一般都采用添加1%～2%的轻质碳酸钙来调节pH值。

二、主要栽培品种

目前国内工厂化栽培广泛使用的金针菇主栽品种绝大多来自于国外产品组织分离种，缺乏自主知识产权。国内科研机构培育的主栽品种主要有以下几个。

1.8801 三明真菌研究所培育。子实体白色，菌柄长度欠整齐，菌柄细嫩。菌盖圆形、内卷，对CO_2浓度和光线不敏感，不易开伞。菇质清脆，鲜味较浓。菌丝适宜生长温度18～23℃，出菇温度6～9℃。接种后50天左右开始出菇，产量稍低，外观好，商品价值高。

2.F21 华中农业大学培育。子实体纯白色、丛生。菌盖肉厚、整齐，对CO_2浓度和光线不敏感，不易开伞，成熟后孢子量较少。柄基部有稀疏绒毛。菌丝适宜生长温度18～23℃，出菇温度6～10℃。发菌期30天左右，抗逆性相对较弱，拌料时含水量比黄色菌株略干。

3. 川金1号 四川农业科学院培育。子实体淡黄色、丛生，菌柄较粗、中空易开裂，菌盖嫩黄色，早期呈球形，不易开伞。菌肉厚3～4毫米，菌褶白色，菌柄无绒毛，菌丝适宜生长温度20～25℃，出菇温度7～12℃。发菌期30天左右，属速生型菌株。

三、厂房建设与设备配置

金针菇工厂化栽培方式主要有瓶栽和模仿瓶栽的袋栽再生法，

两者都可分为三区制，不同之处在于，瓶栽的催蕾在出菇区，而袋栽的催蕾在培养区。在厂房设计和设备配置时都需要根据投资成本、栽培品种、地域差别、季节变化、操作方便、周边环境影响等，对厂房布局、空间大小、冷气和空间水分需求量、光线、内循环风等进行科学合理的设计，使金针菇生产具有投资省、能耗低、效益高、操作方便等优点。

1. 厂房布局　金针菇工厂化生产厂房布局，应根据空间空气洁净程度进行合理隔离，由高到低一般分为接种区、冷却区、灭菌区、培养区、出菇区、办公区、生活区、制袋区、原材仓库。接种区空气一般要求达到百级净化标准，冷却区达到万级标准。灭菌器采用双门，培养室有条件可设置成万级，一般采用粗效过滤网即可。制袋区和原材料仓库在下风口，拌料机组和装袋机组要进行隔离。

2. 菇房大小　金针菇菇房大小应根据生产规模科学合理设计，应用瓶栽搔菌法栽培金针菇可采用大库房集中培养，一般培养房净高6米，面积为500米^{2}或更大。应用塑料袋再生法栽培金针菇，培养房双排库为好，中间通道通常设为3米以上，房间大小根据日生产规模来安排，一般按2日放满一个培养房的标准来设计。瓶栽出菇房大小可调性较强，一般出菇房净长9米，净宽5.2米，净高3.5米，1米宽单门，袋栽出菇房大小一般按日生产量放满的标准来设计，一般房净长10米，净宽5.2米，净高4.2米，1米宽双门。

3. 层架设置　库房内层架设计首先要考虑牢固性、空气流动好、光照均匀，成本低，库房利用率合理等方面的需求，以及排袋、采菇等操作的便利。因此，可根据库房结构、栽培袋大小来设计床架的长、宽，使床架达到最合理利用。一般瓶栽培养房可以不设层架，每个出菇房走道2～3个，架子层高45～50厘米。袋栽培养房层高40厘米，出菇房层高55厘米，层架材料要求选用坚实耐腐的塑料或木材，两层架中间设宽75厘米通道，靠墙两边留20厘米作回风道，能使室内空气流畅，光照均匀。

4. 制机组设置　金针菇出菇温度通常要求在9℃以下，才能长得结实、硬挺，可根据地域差别、气候条件、库房大小和温度需求，要求制冷安装单位设计机组制冷模式和功率大小，一般在北方和风大的地方采用风冷，南方采用水冷。

5. 光照设计 光对金针菇菌柄生长、菌盖形成、色素合成有重要作用，不同色光对金针菇生长有不同的影响。红、黄色光在菌丝生长阶段对菌丝生长有促进作用，透明的自然散射光则有抑制作用。透明和蓝色光在出菇阶段对子实体原基分化有较强的诱导作用，白色光作用次之，红色光作用最差。透明光作用下的金针菇产量最高，但品质最差，白色光的产量与质量双佳，红色光则既低产又劣质。金针菇在子实体生长过程中要求短时间强光照射，光照在300勒克斯以上，对促进金针菇的整齐度、颜色和质量提高有较明显的作用。因此，灯光的布局应尽量做到均匀、到位，一般采用日光灯或灯带。

6. 通风设计 通风换气包括内循环通风和室内外换气两个方面。金针菇培养、催蕾和出菇阶段都会产生一定量的CO_2，需要适时更换新鲜空气。内循环通风，可在走道的中间上方位置设一部独立控制的内循环风扇，加强房间内部空气对流，使CO_2尽可能均匀分布。室内外换气则较为复杂，不仅要求应适时更换适量的新鲜空气，还应充分考虑由此带来的温差及湿度的变化。首先，应考虑到CO_2比重大于空气，排风口应设在离地30厘米左右。进气口设在制冷机组冷风机背后，通过直径10厘米PVC管连接，通过冷风机进行预冷，也可以利用排出的冷空气提前预冷。经过预冷后的新鲜空气，其空气中所含水分大部分被带出室外，避开了子实体因反复受温差和湿度差影响而产生表面水和病害，提高了金针菇的品质。

7. 控制技术 通过自动化环境监控技术，使金针菇温、光、水、气各生长因子达到最佳状态，要求把上述各项设计科学合理地连接起来，构成一个完整的监控系统。一是温度，将温度探头连接到控制器，当温度超出设定范围时，自动开启制冷系统。二是光照，将光抑制系统连接到时控开关，设定不同时期的照明强度与光照时间。三是通风系统，将内循环风扇和室内外换气系统分别连接到时控器，然后分别对内循环通风和换气作不同设定，当外界湿度较大时，可增加内循环风量，减少换气通风，以此来稳定室内空气湿度，促进子实体正常生长。室内外换气时，应根据经验值和CO_2测定仪测定的数值，针对金针菇不同生长时期，设定相应的换气时间和换气量。有条件的厂家可通过电脑界面直观监测控制每个库房的环境因子参数。

四、原料选择与配方原则

金针菇原材料选择主要根据其需要的营养来搭配，其碳源选择范围较广，木屑、棉籽壳、玉米芯等农业下脚料都可以作为碳源，氮源主要是麸皮、玉米粉、豆粕等，此外，还需添加石灰、石膏、轻质碳酸钙等，调节培养基的酸碱度。生产者可以因地制宜选择当地比较丰富的农业废弃物，再综合考虑社会存量、价格、运输成本等，但无论选择何种原材料，都要求新鲜、干净、无霉变。

若使用木屑为主料。一般选择软质木种，如杨树等阔叶树；松、杉等含油脂的木屑，需喷淋、发酵半年后才能使用，堆积时间越长越好。袋式栽培不管使用何种木屑，都需要过筛，以保证塑料袋不被刺破。

若采用棉籽壳为主的培养料，一般选择中壳中绒或中壳长绒、无明显刺感，并力求干燥、无霉变、无异味、无螨虫。

若使用玉米芯为主要材料，由于玉米芯含糖量较高，容易发酵产热，一般要求颗粒小，无霉变，尽快吸湿透彻。

金针菇工厂化栽培原料配制一般要求棉籽壳、玉米芯等保水剂含量在35%左右，麸皮、玉米粉等氮源含量在35%左右，含水量62%～65%，灭菌后pH5.8～6.2。常用配方：

棉籽壳34%，麸皮35%，木屑30%，轻质碳酸钙1%；

棉籽壳30%，玉米芯33%，麸皮30%，玉米粉5%，轻质碳酸钙1%，过磷酸钙1%；

棉籽壳25%，豆秆粉30%，木屑18%，玉米粉25%，轻质碳酸钙1%，石膏粉1%。

在原料配制过程中，玉米芯和棉籽壳一定要充分预湿，一般玉米芯夏天提前3小时预湿，冬天提前12小时，预湿过程中可添加1%的石灰；棉籽壳提前2小时预湿，也可通过增加搅拌时间预湿。如果没有预湿透，灭菌过程中湿热蒸气很难穿透大颗粒干材料，造成霉菌污染。在搅拌过程中，原料的添加顺序为玉米芯、棉籽壳、木屑、麸皮、玉米粉、轻质碳酸钙、石膏粉。在工厂化生产过程中，一般把材料换算成固定体积，逐一加入，搅拌时间每次为20 ～ 30分钟。总的来说，保证在原料选择、配制、搅拌过程中不霉变、不酸败，是工厂化栽培的一项重要基础工作。

机械拌料

五、栽培程序

1. 装袋、封口 金针菇工厂化栽培，装袋一般采用聚丙烯折角袋或低压聚乙烯塑料瓶，规格为17 ～ 19厘米×33 ～ 40厘米，一般每袋装湿料950 ～ 1 100克，填料高度14 ～ 16厘米，装袋时尽量做到培养料外紧内松，料面压紧压平，外壁光滑不皱折，防止袋壁出菇。在夏季，制袋工人上班时间要提前，或打包车间装空调，保证工作环境在26℃左右，减少微生物自繁量。目前绝大部分厂家都采用福建研制成功的金针菇专用冲压式装袋机，减少了劳动强度，提高了劳动效率。

装　袋

装袋后的培养包一般可以预制耐高压塑料棒，或用木棒预制预留孔，方便菌种掉落至袋底，封口方法有棉花塞法和塑料透气盖法。棉花塞可以用原棉制作，透气性好，弹性好，不易收缩变形，可以重复利用多次，但价格较高。化纤棉价格低，易收缩，重复利用次数多时起不到过滤防霉的作用。塑料透气盖是近年来推广较多的方法，首先在瓶栽中使用，袋栽厂家近年也开始借鉴。透气盖使用起来简单方便，但要选择正规厂家生产的产品，才能保证盖与套环的吻合度和透气性。

封 口

2.灭菌、冷却 灭菌是金针菇工厂化栽培的重中之重，从搅拌到进锅灭菌的时间尽量控制在5小时之内，灭菌方式可用常压或高压灭菌方式，聚丙烯材质采用高压或常压均可，聚乙烯材质只限于常压灭菌。常压灭菌（100℃）12～14小时，高压灭菌（121℃）3～4小时为宜，不同高压锅型号不同，结构和体积不同，都应根据型号做出不同的程序调整。采用高压蒸气灭菌，特别要注意开门时速度不能太快，以防塑料袋胀破。

灭 菌

冷却可以采用自然冷却和强制冷却。自然冷却主要依靠自然风和风扇强制对流冷却，适用于小规模工厂化。空气对流过程中与外界自然空气有一交换过程，一旦外界空气杂菌数量增多，使棉花塞或塑料透气盖上附着杂菌的概率也增加了，只能用药物消毒来实现相对无菌。强制冷却主要适用于双门高压锅，出锅时冷却室空间空气要达到万级净化标准，再通过制冷机组强制冷却。

冷　却

3.接种　接种要严格按照无菌操作规范要求进行。所用的菌种要严格挑选，发现杂菌感染或已经出菇的菌种不能用作栽培种，接种量以薄层覆盖料面、有适量菌种掉入接种孔为宜。传统模式的接种箱接种，当前逐渐被净化接种室取代，净化接种一般采用流水作业，冷却好的栽培袋整筐在净化度达到百级的区域接种，周转筐或采用传送带或人工搬运，整筐接种整

接　种

筐输出。采用净化接种室接种，预留孔不易堵塞，接种速度快，发菌速度快，是一种值得推广的接种方法。

4.培养　栽培袋接种后应立即放入培养室发菌，将培养室温

度控制在18～22℃，低于14℃时，应加温培养。培养室要求黑暗、干燥、通风。栽培袋袋口向上，整齐排放。在适温下接种后1～2天菌丝开始萌发，25～30天后菌丝可长满全袋。在培养过程中应注意通风换气，空气湿度65%左右，CO_2浓度控制在5 000毫克/千克以

菌丝萌发

下，以加速菌丝的蔓延，促使每个培养袋内的菌丝均匀生长。通风进气口应有初效空气过滤网，有条件的企业使培养室的空气净化度达到万级标准。

六、搔菌和催蕾

当菌丝长至满袋，料面菌丝加厚呈雪白色时，即可催蕾。

1. 再生催蕾　催蕾时，栽培室温度控制在12～14℃，加大通风换气量，先在栽培袋的套环与培养基表面空间内形成原基。当原基形成后，不急于打开袋口，让原基继续生长。待菌袋内料面上长出的菌柄长达2～4厘米、菌袋侧面壁薄膜鼓起时开袋，但要注意必须掌握好黄色金针菇的菌柄（细须状）不能变褐色，白色金针菇的菌柄不能变黄时开袋，否则开袋后容易烂菇。如果料面上发生的子实体稀疏，数量很少时，不要急于打开袋口，否则再生子实体数量少，影响产量。开袋时，将棉塞、套环拔除，把塑料袋口向外卷起或直接用刀片割至离料面2～3厘米处，子实体自然倒伏，紧贴培养料表面。如果个别菌袋菌柄太长，可用剪刀修剪；开袋后加强通风，使针尖菇逐渐失水枯萎，变深黄色或浅褐色，然后再从干枯的菌柄上形成新的菇蕾丛。

2. 搔菌催蕾　将发满的菌袋移出菇室，打开袋口，搔去老菌种块，并将料面搔平，接着在塑料袋口覆盖旧报纸、无纺布或塑料地膜。出菇室温度应控制在10～12℃，当温度偏低时，应充分利用

白天较高的气温提高室温，夜间则要关闭门窗，防止室温下降。在地面、床架及空气中喷雾，将空气相对湿度提高到80%～85%，并用喷雾器对着袋口喷雾补水增湿，喷水量以袋内不积水为准。每日室内通风2～3次，每次通风20分钟，使袋内保持一定的新鲜空气。此外，还要保证一定的散射光或间歇光，以诱导原基形成，经10天左右培养，料面长出茂密的一层原基。

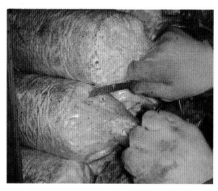

割　袋　　　　　　　　　　　　　长出整齐的菇蕾

七、出菇管理

开袋3～5天之后，可以很明显看到培养基表面又出现无数的整齐菇蕾，在低温条件下再继续培养数日，待栽培袋内出现密密麻麻的幼蕾，菇柄长度大致为5厘米时进行套袋。所谓套袋，即取比栽培袋大一些的塑料袋作为栽培袋的外套，套入后，使套袋袋口高于菇蕾面，多余的套袋翻折到套袋的底部，套袋后移入下一层，继续培养，当菇蕾超出套袋袋口3～5厘米时，再一次拉高袋口，直至采收，套袋的目的是增加菇蕾发育的空间，同时提高袋内空间的CO_2浓度，抑制菇盖张开。出菇管理是一项十分细致的工作，要有很强的责任心，由于采用层架栽培不可能做到各层所有栽培袋都能在最佳条件下发育，因此，要将在栽培架上不同位置的栽培袋根据各栽培袋菇蕾的发育状态进行上下、前后、左右人为调整，根据不同季节、晴雨天气、市场价格的变动而调整，各栽培冷库内的温度、湿度及新风的补充量，要通过长期的实践准确判断、及时调整，才能够获得优质、高产。

出菇期间要经常向地面和空间喷水保湿，保持空气相对湿度85%～95%，CO_2浓度控制在8 000毫克/千克左右，高CO_2浓度可抑制菌盖开伞。菇体生长期间温度应进一步降低至6～10℃，低温可以降低菇体的发育速度，使菇体组织紧密，菌柄粗壮，菌盖成型，菌柄拉长而不倒伏。

成熟的金针菇

八、产品分级

当菇柄长度达到15～17厘米时采收，所有的菇丛，头均朝筐两侧排放。工厂化栽培，白色金针菇产量的70%集中在第一潮，如果继续管理，所产生的经济效益弥补不上占用冷库房时间、劳力的费用。采收后，栽培袋用破碎机破碎，暴晒，备用。有的添加部分新料再用于平菇栽培，有的将废料经过发酵，作为有机肥料。

产品包装

包装一般分为大包装和小包装两种。目前包装规格有2.5千克的大包装及100克的小包装。将包装后的金针菇推入专用冷藏间预冷。预冷的目的是使包装后塑料袋内中心鲜菇温度和预冷间温度基本一致。

九、病虫害防控

金针菇工厂化生产，制定严格的环境卫生制度最为重要，最关键的还是严格实施环境卫生制度。

1. 细菌性斑点病　是引发金针菇菌盖表面产生褐色斑点的病害。发病初期菌盖上出现零星针状小斑点，随着菇盖长大，病斑随之扩大，色泽加深，严重时菌柄也出现斑点，菌褶很少受到感染。病斑处水渍状，稍许臭味。白色菇种更易感病，严重时整丛菇体感病，失去商品性。

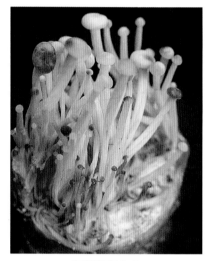

细菌性斑点病

菇房温度应控制在6℃以下，降低库房内空气相对湿度至80%以下；加强菇房消毒处理，空菇房可通入70℃蒸气消毒2小时，并用高锰酸钾和福尔马林熏蒸5小时以上。发病严重的菇房，应晾干后空置一段时间再使用。

2. 软腐病　一般金针菇基部先受害，初呈褐色水渍状斑点，后逐渐扩大，随后病部产生灰白色絮状气生菌丝，组织逐渐软腐。当栽培环境气温高于9℃，室内空气换气不足时，病灶迅速扩展，造成菇体倒伏、腐烂，并覆盖一层白色絮球状分生孢子。

3. 褐腐病　由异形葡枝霉引起的真菌性病害。该病菌为土壤习居菌。严格进行菇房预防消毒。每周对库内及时拖地、撒漂白粉消毒。对已发病的栽培包，应烧毁或淹埋。

4. 根腐病　从整丛子实体外观看不到污染，但将子实体采收后，切开，可以看到中间的菇柄成黑色。主要是栽培袋出现隐性污染所致。

5. 螨虫　做好环境卫生工作，杜绝螨类栖息、繁殖。栽培废袋任意丢弃，原料仓库、打包车间长时间不清扫，均是产生螨害的祸根。栽培冷库使用前所有的层架用克螨特500倍液喷湿，进行药物预防。

根腐病

金针菇菌丝被螨虫取食

第二节　杏　鲍　菇

　　杏鲍菇，又称刺芹侧耳，是重要的珍稀食用菌。组织致密结实，菌柄雪白、粗长，质地脆滑爽口，口感极佳，营养丰富，市场销售良好，具有广阔的发展前景。杏鲍菇周年工厂化袋栽模式是我国自我创新的一种模式，目前国内最大的生产企业日产10吨鲜菇。根据中国食用菌协会统计，2001年，全国杏鲍菇产量只有2.1万吨，到了2009年，已经达到32.2万吨。

一、生物学特性

（一）形态特征

　　杏鲍菇是一种大型真菌，属于双因子异宗结合的食用菌。单核菌丝体白色，比较粗壮，生长缓慢，不孕。双核菌丝体茂密、浓白、粗壮，有锁状联合，生长快，在适宜的条件下培养，能够形成子实体。

杏鲍菇子实体单生或丛生，菇体较大，菌盖肥厚，菌盖直径3～12厘米，初期半球形，后渐展开，菌盖边缘上翘，呈圆形或扇形，成熟时菌盖顶部中央多有下凹，黄白色或浅黄色，表面有绒毛。菌柄粗壮，长3～10厘米，粗0.5～3厘米，多偏生，有的中生，棍棒状或保龄球状，白色或浅黄白色，实心。菌肉细嫩，白色，肉厚，有杏仁味，由此得名。杏鲍菇无菌环或菌幕。菌褶延生，密集，乳白色，不等长。每个担子上生长4个担孢子，大小10～14微米×4～6微米，孢子印白色或浅黄色，孢子椭圆形或近纺锤形。

按形态来分，一般将杏鲍菇分为3种类型，即粗长型、细长型和保龄球型。粗长型也称粗棍棒型，子实体粗长，个体比较大，肉较厚，菇体洁白，出菇集中，产量高，但菇质较疏松。细长型也称细棍棒型，子实体细长，菇体洁白，个体较小，肉较薄，品质好，不耐高温，产量较低。保龄球型形状像保龄球，菌柄中间粗，两端略细，菇体大，肉厚，产量高，品质好，出菇时间长，但菇腿易变黄，不耐低温。

（二）生长发育条件

杏鲍菇生长发育需要营养物质、水分、温度、空气、光线和酸碱度等生长条件。

1. 营养　杏鲍菇生长需要碳源物质、氮源物质、矿物质和维生素等营养物质。

(1) 碳源：碳源是构成杏鲍菇细胞组织和供给其生长的能量来源。杏鲍菇能够广泛利用有机碳源，直接吸收培养料中的可溶性碳源物质，如葡萄糖、果糖、蔗糖和麦芽糖等。杏鲍菇分解木质素和纤维素的能力很强，它分泌的各种酶能够分解培养料中的高分子多糖物质木质素、纤维素、半纤维素和淀粉等，使之转化成单糖或双糖而加以利用，因而在棉子壳、玉米芯和锯末等栽培料上菌丝体能很好生长。

(2) 氮源：氮源物质对于杏鲍菇的生长非常重要。杏鲍菇生长主要利用有机氮，如蛋白胨、酵母粉、玉米粉、麦麸、豆饼粉、棉籽饼粉、菜籽饼粉等。杏鲍菇生长适宜的碳氮比为20∶1，在氮源丰富时，菌丝体生长健壮。在1 000毫升母种培养基中，添加3～5克蛋白胨或麦芽汁，菌丝体生长茂密浓白。在栽培料中添加18%～20%的麦麸或5%的豆饼粉，菌丝体生长很好，产量较高。在实际生产中，栽培杏鲍菇的主料主要有棉子壳、玉米芯等，辅料主要有麦麸、米糠、玉米粉、石膏粉等，有时添加一些豆饼粉、棉籽粉等。

(3)矿物质：杏鲍菇生长需要的主要矿物元素有磷、钾、镁、钙、硫等。这些元素是构成杏鲍菇细胞不可缺少的成分，也是酶的重要组分，可以维持酶的活性，调节细胞渗透压，保持氢离子适当浓度。在培养基或栽培料中添加磷酸二氢钾、硫酸镁和碳酸钙等，就是为了满足杏鲍菇对这些矿物元素的需要。

(4)维生素：维生素是构成杏鲍菇各种酶活性的成分。杏鲍菇需要的维生素主要是生物素和维生素B_1等。在制作杏鲍菇母种培养基时，加入维生素B_1 10毫克，利于菌丝体生长。

2.水分

(1)菌丝体阶段对水分的要求：杏鲍菇菌丝体生长要求基质最适宜含水量为60%～65%。含水量过大，超过70%时，培养料内氧气少，发菌慢。由于出菇阶段主要由培养料供应水分，配料时含水量应该达到65%左右。在菌丝体阶段，要求培养室空气相对湿度60%～65%。相对湿度低于50%时，菌袋容易失水干瘪；相对湿度高于70%时，菌袋容易被杂菌侵染。

(2)子实体阶段对水分的要求：子实体生长要求基质含水量58%～60%最为适宜，含水量低于55%时，出菇少，产量低。原基的形成和生长需要菇房空气相对湿度90%～95%，子实体生长适宜的空气相对湿度为85%～90%。如果菇房相对湿度超过95%，子实体容易发生细菌性病害，影响子实体品质。如果菇房空气干燥，原基分化困难，已经分化的原基会干缩死亡，已经形成的子实体也会停止生长，影响杏鲍菇的产量和品质。

3.温度　杏鲍菇菌丝体生长的温度范围较宽，在5～33℃范围内都能够生长。在此温度范围内，随着温度上升，菌丝生长速度加快。菌丝最适宜生长温度为25℃左右。温度长期超过33℃时，菌丝体生长受到抑制或死亡。

杏鲍菇属于中低温型食用菌，也是变温结实型食用菌。杏鲍菇原基的分化和子实体的生长温度范围较窄，多数品种适宜在10～18℃条件下生长。原基分化最适宜的温度为10～15℃，子实体生长最适宜温度为13～15℃，此时子实体个大、肉厚、新鲜、品质好。杏鲍菇不同品种，原基的分化和子实体的生长最适宜温度有所不同，在管理上要分别对待，有的菌株室温超过15℃时，子实体基部发生膨大，影响外观。菇房温度低于8～10℃时，形成原基困难，往往呈球状。杏鲍菇对高温很敏感，形成原基后，菇房温度超过22℃2～3天，子实体会萎蔫或腐烂。

4.空气 杏鲍菇是好气性食用菌。氧气充足或有一定浓度的二氧化碳时，菌丝体生长较快。

子实体生长阶段对空气有比较严格的要求。原基分化和形成时，要求菇房空气CO_2的浓度在0.05%～0.1%，如果CO_2浓度过高，原基不分化，就会膨大成球状菇。在子实体生长阶段要求空气新鲜，CO_2浓度在0.1%～0.2%之间最为适宜。

5.光线 杏鲍菇菌丝体生长不需要光线，在完全黑暗条件下，菌丝体能正常生长。在有散射光条件下，菌丝体生长速度比黑暗条件下慢，强光对菌丝体生长有抑制作用。特别在菌袋发菌后期，要采取避光措施，以避免菌袋周围形成原基。

原基的形成和子实体生长需要散射光，要保持菇房明亮的条件，以500～1 000勒克斯最为有利。光照不足，很容易产生畸形菇。但光照过强，对子实体生长也不利，菌盖容易开裂，形成"花脸菇"，特别在日光温室和塑料大棚菇房顶部遮盖不严、阳光直射时，这种情况时有发生。

6.酸碱度 菌丝体生长要求pH4～8，最适宜pH6～7。

子实体生长阶段最适宜pH5.5～6.5。这里所指的pH值，不是配料当时的pH值，而是菌丝培养和子实体生长期间的pH值。因为菌袋经过消毒和菌丝体生长，会产生大量酸性物质，培养料pH值会不断下降。为了使菌丝体培养和子实体生长有适宜的pH环境，在配料时应该加入1%～2%的生石灰粉，以提高配料时培养料的酸碱度，达到pH8左右。

二、主要栽培品种

1.杏鲍菇川选1号　子实体单生或丛生，菌盖浅褐色至淡黑褐色，平展，顶部凸，直径3～5厘米，表面覆盖纤毛状鳞片；菌柄白色，商品菇保龄球形，长度6～9厘米，直径4.2～6.2厘米，质地紧实，长度与直径比1.47：1，长度与菌盖直径比1.63：1。子实体致密中等，口感脆嫩，浓香。适宜以棉籽壳、玉米芯为主料栽培。发菌适温22～25℃，发菌期30天，无后熟期，栽培周期60天，原基形成不需要温差刺激，菌丝可耐受最高温度35℃，最低温度1℃，子实体耐受高温22℃，最低温度5℃。子实体对CO_2耐受性较强。菇潮明显，一般发生一潮。

袋料栽培条件下，生物学效率50%。建议在我国西南地区春秋季节栽培。

2.川杏鲍菇2号　子实体单生或丛生，菌盖黄褐色，平展，顶部凸，直径3～5厘米，厚0.8～1.5厘米，表面覆盖纤毛状鳞片。菌柄白色，商品菇近保龄球形，长度8～13厘米，直径2.4～5.5厘米，质地紧实，长度与直径比2.66：1，长度与菌盖直径比2.63：1。致密中等，贮存温度1～4℃，货架寿命7天。适宜以棉籽壳、玉米芯为主料栽培。发育期30天，无后熟期，栽培周期60天。原基形成不需要温差刺激，菌丝可耐受最高温度35℃，最低温度1℃。子实体耐受高温22℃，最低温度5℃。子实体对CO_2耐受性较强。菇潮明显，一般发生一潮。

袋料栽培条件下，生物学效率50%。建议在华南地区以外的其他区域春秋季节栽培。

3.杏鲍菇1号　菇型柱状，菇体洁白，菌柄上下粗细均等，长度一般30～100毫米，最长可达150毫米，直径平均30～50毫米。单菇重40～100克，最高可达到200克以上，抗病能力强。

工厂化设施栽培850毫升栽培瓶，平均单产120克。自然条件下大棚栽培，平均每袋产鲜菇150～200克（17厘米×33厘米塑料袋）。适宜工厂化设施栽培和上海等自然气候适宜区大棚栽培。

三、厂房建设与设备配置

杏鲍菇属于中低温结实菌类，形成原基温度范围较窄，在自然条件下适宜栽培的季节较短，不能满足市场需求。工厂化周年生产是解决杏鲍菇市场需求的重要途径。杏鲍菇周年工厂化袋栽模式是根据我国国情自我创新的一种新模式。从1999年开始，国内开始进行塑料袋栽工厂化生产模式的探索，根据杏鲍菇易感染细菌的特性，采用菌袋横卧方式，选用抗病力较强的优良菌种以及后期开袋技术，2003年底获得成功。之后，广州、漳州、武平、武义、上海、昆山、连云港等地陆续投入生产。至2011年，全国先后出现近百家杏鲍菇工厂化袋栽生产厂家。

（一）厂房布局与设计

厂房布局应有利于安全生产和提高劳动效率。菇房设计以节能降耗、保温、保湿、通风为原则，能满足杏鲍菇各生长发育阶段对其环境的要求。为此，按其栽培工艺，杏鲍菇工厂化生产一般分为9个区域，各个区域既相对独立又密切相连。菇房分为培养室和出菇房。新建的菇房一般采用泡沫彩钢夹芯板建造，厂房主体采用钢结构。按照栽培工艺，在室内分别建立灭菌室、接种室、培养室、出菇房及其他操作场所。培养室、出菇房一般采用"非"字形结构，各菇房门统一开向中间的缓冲走廊，走廊宽4米。出菇房一般每间为9米（长）×5米（宽）×4.5米（高），墙体用10～15厘米厚泡沫彩钢夹芯板，泡沫密度不少于18千克/米³。地面保温采用8厘米厚的挤塑板，上面再铺7厘米厚的混凝土。菇房门采用冷库门或者夹芯板包边做门。培养室内可设固定床架，也可用移动周转筐堆叠培养，最高可达12层，一般按每平方米450袋标准排放，既充分利用空间进行养菌，又可控制培养期间二氧化碳的浓度。出菇室内采用铁丝网格墙体架设计，网格间距12.5厘米×12.5厘米，每间出菇房一般可容纳4 800个菌袋出菇。总之，培养室和出菇房的架子应灵活设计，四周及中间留有过道，以方便操作和空气循环。

厂房设施

（二）设备与设施

1. 设备

（1）温控系统：根据生产规模和菇房大小选择与之匹配的温控设备，目前一般选择的温控设备有空调、风冷式或水冷式制冷机组以及与之相匹配的蒸发器。

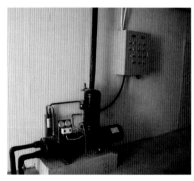

制冷机组和冷却塔

（2）加湿系统：选择雾粒较小的超声波加湿器、离心式加湿器，根据子实体生长发育需要进行加湿。也可通过地面和空间洒水增湿。

(3) 通风系统：一般采用轴流风机进行空气交换，新鲜空气经过滤再通过缓冲风道进入菇房。

(4) 光照系统：一般采用节能日光灯或者LED灯作光源。

(5) 控制系统：每间培养室和出菇房各安装1台智能控制箱，对菌丝和子实体不同生长发育阶段所需的温度、湿度、通风、光照进行设定，自动控制养菌和出菇条件。

(6) 其他设备：杏鲍菇工厂化栽培所需的设备较多，根据生产需要和投资规模购置生产设备，如搅拌机、自动装袋机、周转筐、叉车、灭菌锅等。

2. 设施

(1) 原材料储备仓库：用于储存原辅材料，要求通风、干燥，并注意防火。

(2) 菌种生产车间：工厂化栽培一般自行生产栽培菌种，应相对独立，靠近接种车间，环境条件良好。

(3) 拌料、装袋与灭菌车间：为提高生产效率，减少粉尘污染，拌料设备通常安装在原料车间一侧，与装袋车间用挡尘（风）墙隔开，出料口与装袋机形成流水线，装袋与灭菌通常在同一车间内完成，装袋结束立即开始灭菌。

制包和灭菌设备

(4) 冷却与接种车间：该车间专用于灭菌后栽培袋冷却。冷却车间要求密闭，洁净度越高越好，室内配置空气净化系统，通常安装有制冷和消毒设备等。接种车间与冷却车间紧密相连，中间设缓冲通道（内装风淋室和紫外线灯）。开放式接种要求空气洁净度万级以上，接种上方安装层流罩，接种室地面要做防尘处理，下风口安装空气净化系统作新风过滤处理，室内安装紫外灯、自净器等。

（5）培养车间：是培养菌丝的场所。布局上应与接种车间相邻，菌袋接种后置于培养室内养菌培养。培养室内的设计应根据生产规模而异，有层架式、厢式等，初次栽培者以层架式培养比较有利于管理（层架设计与安装可参考金针菇）。杏鲍菇属好气性真菌，培养期间不仅需要适宜的温度、氧气、湿度，而且菌丝生长会产生大量呼吸热、二氧化碳，所以培养室内需安装制冷及通风设备。

（6）出菇车间：是子实体生长发育的场所。在布局上应紧靠培养车间，室内层架根据出菇方式分为墙式和床式两种，菌丝生长达到生理成熟后再移入出菇室。为满足子实体生长发育需要，出菇室内需装温控、加湿、通风和光照设备。

墙式栽培网格

（7）分级包装与冷藏车间：该车间要求洁净、宽敞、明亮。分级包装车间有条件的宜安装空调，产品出口的应严格按照出口要求设计。冷藏车间保温性能要良好，面积依日产量而定，杏鲍菇冷藏温度为2～5℃。

四、原料选择与配制

1. 原料选择　栽培杏鲍菇的主料主要有棉籽壳、废棉絮、玉米芯、豆秸、木屑、甘蔗渣、稻草、麦秸等。这些原料主要为杏鲍菇生长提供碳素营养。要求原料新鲜，无结块，无霉烂，无虫卵。棉籽壳有绒毛，物理性状好，是栽培杏鲍菇最好的原料。玉米芯可溶性糖类（碳水化合物）含量丰富，杏鲍菇能够很快吸收利用，菌丝体生长好。玉米芯要粉碎成1厘米大小的颗粒，以利于栽培。木屑的纤维素和木质素含量高，氮素含量低，配料时，应适当增加含蛋白质高的原料。豆秸蛋白质含量高，使用前要经过粉碎。稻草要先粉碎或铡成1～2厘米的草段。稻草和麦秸利用前，要经过7～10天的堆制发酵，软化原料，促进营养转化，如果没有发酵，出菇慢、产量也低。

栽培杏鲍菇的主要辅料有麦麸、米糠、玉米粉、豆饼粉、过磷酸钙、磷酸二氢钾、石膏和碳酸钙等。麦麸和米糠主要为杏鲍菇生长提供粗蛋白质和可溶性糖类（碳水化合物），是一种很好的氮源，常用量为10%～20%，麦麸或米糠用量也可达到25%～30%。玉米粉提供粗蛋白质和可溶性糖类，也是一种较好的氮源，常用量为5%～10%。过磷酸钙提供磷元素，常用量为1%～2%。过磷酸钙为酸性，为避免使用过磷酸钙培养料变酸，可适当增加石灰用量。磷酸二氢钾为杏鲍菇提供磷和钾元素。石膏主要成分是硫酸钙，提供钙元素，改善培养料的物理结构和水分状况，增加透气性，调节pH值，一般常用量1%～2%。碳酸钙能对培养料酸碱度起缓冲作用，提供钙元素，一般常用量1%。

2.常用栽培配方

棉籽壳80%，麦麸18%，蔗糖1%，石膏1%。

棉籽壳78%，麦麸15%，玉米粉5%，石膏1%，石灰1%。

棉籽壳60%，玉米芯20%，麦麸18%，石膏1%，石灰1%。

棉籽壳40%，玉米芯40%，麦麸18%，蔗糖1%，石膏粉1%。

玉米芯50%，棉籽壳30%，麦麸15%，玉米3%，石膏粉1%，石灰1%。

木屑42%，棉籽壳30%，玉米芯20%，麦麸5%，石膏粉1%，石灰2%。

棉籽壳38%，木屑30%，麸皮25%，玉米粉5%，石灰1%，轻质碳酸钙1%。

木屑20%，棉籽壳15%，甘蔗渣15%，玉米芯15%，麸皮23%，玉米粉5%，豆粕粉5%，石灰1%，轻质碳酸钙1%。

上列各配方含水量要求60%～65%，料水比为1：1.2～1：1.3。

3.培养料的配制　原材料应向正规厂家或供货商订货，以确保产品质量。栽培者可因地制宜，根据当地资源就地取材，制定出适合杏鲍菇生长需要的、合理且经济的配方。投入使用的原辅材料要求新鲜、洁净、干燥、无虫蛀、无霉烂、无异味。棉籽壳要求新鲜，玉米芯粉碎成1厘米大小颗粒。豆秸也需粉碎。木屑要用阔叶树材料。麦麸要求新鲜，不生虫。采用聚丙烯塑料袋或高密度聚乙烯塑料袋，要求塑料袋韧性好，无砂眼，长33厘米，宽17.5厘米，厚0.05～0.055厘米的折角袋，一端出菇。

培养料配制一般在具有水泥地面的操作车间进行。配方中如果有木屑，要用2～3目筛子过筛，防止尖木片或有菱角杂物扎破菌袋，造成杂菌污染。按照选择的配方，准确秤取各种原料，放入搅拌机内搅拌，按照料水比1：1.2～1：1.3兑水。搅拌均匀后，用手紧捏，以手心和指缝间有水迹而不滴水为度。拌好的料要主料和辅料均匀、干湿度均匀和酸碱度均匀。生产用水应符合城市生活饮用水标准。

原料淋堆和预湿

五、栽培程序

1.装袋 在制包前预先测定预投入制包原料的含水量，根据最终混合料的计划含水量计算出计划加水量。实际拌料制包时，先按计划加水量的80%加水，待料混合均匀后，再根据混合料的水分决定加水量。可凭手感测定混合料水分，具体操作方法是手握紧培养料，手指缝间有较多水渗出而不会成滴流下即为适宜的含水量。同时添加适量石灰调节pH 7～8。这个过程一般用搅拌机完成。

原料搅拌

配好培养料之后，要及时装袋，每袋装料1千克左右。一般使用装袋机装袋，制包袋采用聚乙烯或聚丙烯折角袋，要求塑料袋韧性好，无砂眼，长33厘米，宽17厘米，厚0.05～0.055厘米。要求料面压紧实，料包外观呈圆柱体，然后用一直径2厘米左右的锥形棒打洞至料包底部，但不得将袋底打穿。可用尼龙绳扎紧，也可直接套上带海绵垫的塑料颈套。将颈套拉紧使得料与袋壁紧贴，否则在栽培过程中易导致袋壁空隙处菌丝扭结形成原基消耗养分。盖盖时应保持预留孔穴完好。

菌包生产过程

2. 灭菌　灭菌方法有高压和常压两种。装好的料袋放入周转筐内，将周转筐堆叠在轨道上，整车推入灭菌锅中，用高压 0.15 兆帕，保持 3 ～ 4 小时灭菌；也可在常压 100℃ 条件下，灭菌 15 小时以上，再焖 4 ～ 6 小时。从装锅到袋温达 100℃，最好不要超过 4 小时，否则培养料易变酸。灭菌结束后，待高压灭菌锅的压力降至零，或常压灭菌锅内温度降至 85℃ 时，先打开一小缝，利用余热烘干棉塞上的水汽，再用周转小车拉入冷却室冷却。

进灭菌锅灭菌

用聚乙烯塑料袋装料的，不能使用高压灭菌法，只能用常压灭菌法，需在 100℃ 温度下消毒 15 ～ 16 小时或更长时间。消毒完毕再焖半天或一夜，取出菌袋。

3. 冷却接种　灭菌后菌包一定要进消毒场所进行冷却，料包灭菌后冷却至 25℃ 左右进行无菌接种，接种过程一般在接种箱（室）

内进行。

冷却室强冷

接种前准备：菌袋接种通常在接种箱、接种室内进行。接种操作场所必须经过严格消毒，杀灭空气中的杂菌；接种工具、菌袋外表、工作服和操作者双手也应该消毒，以减少菌袋污染率。常用的药剂有二氧化氯消毒剂、0.2%高锰酸钾水溶液、新洁尔灭溶液、金星消毒液等。消毒后，当天需要使用的整筐菌种，用专用小车推入接种室内备用。根据接种箱（室）大小，将栽培袋置于接种箱（室）内，同时放入已消过毒的栽培种、接种工具、酒精灯、火柴等（接种前按常规消毒）。

接种方法：按常规在无菌条件下操作，接种前，接种人员用75%乙醇棉球擦拭双手和菌种瓶（菌种袋）外壁。接种工具用酒精灯火焰灼烧灭菌。周年工厂化袋栽生产的杏鲍菇菌种，目前大多采用枝条或麦粒菌种。接种时，用无菌操作的方法，把菌种瓶内表层菌种去掉，用接种匙或镊子取菌种块或枝条，放入栽培袋，压实，使菌种紧贴培养料，及时套好灭菌过的塑料颈圈。一般750毫升的菌种瓶，能够接种15～20袋。接种量为干料重的4%～5%。周而复始，待整箱（室）接种后，将栽培袋置于周转筐内，然后将周转筐用小推车推入培养室。每次接种完毕，均要清理接种箱（室），对接种箱（室）进行擦洗，并按常规方法用气雾消毒剂进行熏蒸消毒过夜。

接种箱或接种室开放接种

4.发菌 菌丝培养是栽培工艺中的重要一环，菌丝质量的优劣，决定着产量与品质。目前，大多数企业往往只重视出菇的结果，而忽视菌丝培养这一环节。菌丝培养的最终目的是培育出健壮的菌丝，同时降低栽培袋污染率，没有优良健壮的菌丝，就很难栽培出优质的产品。

培养室消毒：栽培袋进入培养室前一二天，按常规方法对培养室进行清洗消毒，周边排水沟要保持干净，并定期消毒杀虫。

培养条件控制：杏鲍菇菌丝生长初期，室内温度应控制在21～23℃；培养中期，由于菌丝量大、生长快、产生呼吸热，袋内温度比室温一般高2～3℃，管理时必须以袋内温度为准进行室内温度调整；后熟期室温应控制在22～24℃。菌丝培养期间不需要光线。空间相对湿度控制在56%～70%，湿度过低或过高均不利于菌丝生长，易被污染。杏鲍菇属好气性真菌，培养期间应严格控制CO_2浓度，每天定时通风3～4次，每次15～20分钟。在正常情况下，菌丝培养20～25天便可长满袋，再培养10天，菌丝便可达到生理成熟，此时应从培养室移出。

小库或大库层架培养

六、搔菌和催蕾

1.搔菌　杏鲍菇出菇前要搔菌。不搔菌也能出菇，但出菇不整齐，菇形不好。搔菌方法是栽培袋移入出菇室、上架，将套环棉塞拔下，用消毒过的铁丝钩钩出菌袋内的老化菌种，将袋口保持原状。

2.催蕾　杏鲍菇为变温型食用菌，低温刺激有利于原基形成。菌袋搔菌后放入菇房中，温度控制在10～15℃，空气相对湿度保持在85%～95%，能刺激原基的形成；给予散射光刺激，照度500～1 000勒克斯。适当通风换气，每天通风2～3次，每次30分钟。经过7～10天，菌袋上端料面白色菌丝体开始扭结，形成原基，个别菌袋开始出现小菇蕾，此时要打开袋口，将菌袋薄膜向外翻转，并高出料面2厘米以上，以防止不良环境对小菇蕾产生不利影响。菇房地面洒水，每天空中喷雾2～3次，增大空气相对湿度至85%～90%。在此条件下，经过5天左右，白色的小原基会长成小菇蕾。

料包制包时若颈套未拉紧，料松可能会出现包底先现原基的现象，对于这种情况的菌包，可采取倒开包的方式，用刀片将底部划出直径3厘米左右的开口便于菌包底部出菇。

七、出菇管理

1.疏蕾　在适宜的环境条件下，杏鲍菇会长出大量的原基，绝大多数的杏鲍菇栽培者为提高杏鲍菇的商品性状，待菇蕾长成指头大小或更小时，会采取疏蕾措施，即每袋留1～3个健壮、菇形好、无损伤的菇蕾，切除多余的菇蕾。疏蕾期间湿度调整到85%～90%。

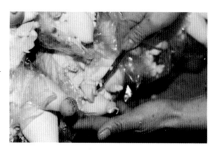

疏　蕾

2.育菇　出菇管理要注意温度、相对湿度、空气和光线调节，创造适宜杏鲍菇子实体生长的环境条件，以获得高产优质。

温度调控：温度是影响杏鲍菇子实体生长快慢和产品质量的重要因子。小菇蕾形成后，菇房温度保持在 12 ～ 16℃，在这种温度条件下形成的杏鲍菇，个大，肉厚，肉质紧密，菌盖不易开伞。出菇期间菇房温度低于8℃，原基分化困难，形成的子实体几乎停止生长。杏鲍菇对于高温极其敏感，温度超过18℃，原基停止分化，子实体生长快，菌柄变长，组织松软，品质下降；如果温度长期高于22℃，形成的小菇蕾萎蔫，长大的子实体也会变软腐烂。

湿度调控：水分的管理在出菇期极为重要，主要是如何保持菇房较高的相对湿度。在原基期和幼蕾期，采取地面洒水、喷雾等措施，使菇房空气相对湿度提高到90% ～ 95%。在幼菇期至成菇期，空气相对湿度应保持85%左右。接近采收时，相对湿度应保持80%左右，以便延长杏鲍菇的货架时间。如果菇房空气相对湿度超过95%，或者菇房喷水时，水喷洒到子实体上，加上通风不良，容易出现子实体病害，特别是细菌性病害。

空气调控：出菇期子实体呼吸量增大，如果通风不良，子实体不能正常生长发育，容易形成畸形菇，呈现小树枝状。在出菇期间，要求打开门窗和通气孔，加大通风量，以便保持空气新鲜，供给杏鲍菇子实体生长足够的氧气。CO_2浓度控制在0.2%以下。每天通风次数、通风间隔和时间长短，要根据栽培季节、菇房温度、相对湿度和空气中CO_2含量高低等情况具体确定。

光线调控：幼蕾期至成菇期要求光照500 ～ 800勒克斯，光照过暗或过强对子实体生长均不利，都容易发生畸形菇。光照过暗，菌盖不分化，容易形成无头菇；光照过强，子实体散失水分，会出现菌盖开裂，菇的品质下降。

八、产品分级

1.适时采收

采收适期：当杏鲍菇子实体长至伞盖将平时，应及时采收。采收的基本标准应根据市场需要而定。从开袋到采摘一般需16 ～ 19

天，每袋产量可达250～300克，最高可达500克（商品菇重量）。

采收方法：采收时，手握紧菌柄拔起，放在塑料筐中，要求菇盖对着菇盖，注意不要碰坏菌盖。

分　级

2.分级包装、冷藏储存

预冷：杏鲍菇采收后，如来不及分级加工包装，宜放入2～5℃冷藏库内预冷，预冷时每筐宜错开叠放。

修整：子实体修整需在15～20℃条件下进行，操作人员要头带帽子，左手带一次性手套，右手拿刀削平菌柄基部（削头），削去不洁表皮，削好后轻放在泡沫箱内，同样要求菇盖对菇盖堆叠。

分级：在削菇过程中进行分级，各级菇体均要求菇盖圆整，菇体均匀、新鲜、洁白。特级：菇盖2～4厘米、柄长16～18厘米、单朵重80～120克。

包装：大包装一般采用印有商标的聚乙烯42厘米×48厘米×0.04厘米折角塑料袋分装，袋子放在分装模型盒内，菇盖对菇盖分装，每袋装2500克，抽真空扎紧袋口，包装后发运。

冷藏储存：杏鲍菇分级包装后，宜放在0～5℃的冷藏室中保鲜，然后由销售商根据需求发货。与一般菇类比较，杏鲍菇保存时间较长，在4℃冷库中可存放25天不变质，气温在10℃时可放置5～6天。长途运输可用泡沫箱或冷藏车装运。杏鲍菇不易破碎，煮后不烂，口感脆嫩，可切片制成罐头，也可切片烘成干制品，或加工成盐渍品销售。

九、病虫害防控

杏鲍菇工厂化栽培中病虫害防治，主要采取"以防为主，综合治理"的方针。因菌丝培养和出菇房都需人为调控温度，加上栽培时间短，所以很少发生各种霉菌污染和虫害，但细菌感染和生理性病害较为常见。发生病害时，必须把污染的菌袋及时清理焚烧。用清水清洗架子和地板，再用4 000倍液的二氧化氯消毒剂或用5%的漂白粉对环境消毒。另外，拌料、制袋在气温高时易招来菇蝇，传播病、虫，因此要注意环境卫生。同时，菌袋灭菌要彻底，培养室、出菇房空置时要进行清洗、通风、消毒、干燥，杜绝病、虫隐患。此外，平菇属菇类对敌敌畏特别敏感，杏鲍菇也不例外，栽培环境和菇房消毒不可使用敌敌畏或含有敌敌畏成分的农药，否则会影响菌丝生长，并容易出现畸形菇。

第三节　蟹味菇

蟹味菇，属担子菌亚门、层菌纲、伞菌目、离褶伞科、玉蕈属，又名玉蕈、斑玉蕈。质地脆嫩，味道鲜美，有海蟹味，具有防止便秘、抗癌、防癌、提高免疫力、预防衰老、延长寿命的独特功能，是一种低热量、低脂肪的保健食品。

日本20世纪70年代即开始栽培蟹味菇，近年来风靡美、日、韩等国和中国台湾地区市场。我国大陆近几年开始引进栽培，栽培方式一般为工厂化栽培，目前主要在上海、江苏、河北、河南、山东、福建栽培，并有逐步向全国蔓延发展的态势，上海丰科生物科技股份有限公司于2001年引进日本先进的成套自动化机械设备，进行工厂化周年生产，目前已形成了日产10吨的生产能力，取得了很好的经济效益。随着我国农业产业结构的调整和人民膳食观念的提高，蟹味菇这一高档珍稀食用菌将会得到更大的发展。

一、生物学特性

（一）形态特征

蟹味菇菌丝体在加富PDA斜面试管上洁白浓密，粗壮整齐、气生菌丝较旺盛、不分泌色素。菌丝成熟后呈浅灰色，双核菌丝有锁状联合。木屑培养基上菌丝生长整齐，前端呈羽毛状，在培养基外层形成根状菌索，菌丝经后熟后转黄白色，呈松软状。

子实体丛生，菌盖幼时球形，成熟后渐平展，直径一般2～3厘米，菌盖表面光滑，灰褐色，菌柄较长，中生，内实，肉质白色或近白色至灰色，多为圆柱状，有时基部膨大，长度因不同菌株而异，菌柄直径约1厘米，菌褶片状，弯生或直生，呈密集排列，不等长，白色或略带米黄色。担子棒状，其上着生2～4个担孢子。担孢

蟹味菇

子卵圆形，无色，光滑，内含颗粒。孢子印白色。菌柄中生，圆柱形，白色。有菌环，上位，白色，膜质。

（二）生长发育条件

1.营养　蟹味菇是木腐菌，有较强的分解木质素和纤维素的能力。最适培养料的碳氮比30～34∶1。人工栽培多利用棉籽壳、玉米芯、作物秸秆等各种农林产品下脚料作为碳源，以米糠、麸皮、大豆粉、玉米粉作氮源，适量添加微量元素可促进菌丝生长。

2.水分和相对湿度　培养料的含水量以65%，发菌期间空气相对湿度75%为宜，出菇前栽培袋应适当补水，使培养料的含水量达到70%～75%，才能满足蟹味菇生长。菇蕾分化期间，菇房的相对湿度应调到90%～95%。子实体生长阶段，菇房的相对湿度应调到85%～90%，如果相对湿度长时间高于95%，子实体易产生黄色斑点，质地松软，且容易滋生多种疾病。

3.温度　蟹味菇属中低温型食用菌，变温结实，在自然条件下多于秋末、春初发生。菌丝生长温度5～30℃，最适22～25℃，工厂化生产中为了防治杂菌和病害，将发菌温度一般控制在18～22℃。原基形成需10～16℃较低温刺激，子实体生长温度以

13 ～ 18℃最佳。

4.空气 蟹味菇为适度好气性真菌。菌丝对空气不敏感，但在密闭的环境中，随着菌丝生长，呼吸产生的CO_2浓度提高，菌丝生长速度也会减缓。子实体发育过程中尤其是菇蕾分化期，对CO_2浓度相对较敏感，要求在0.05%～0.1%，子实体长大时菇房的CO_2浓度要求在0.2%～0.4%，实际操作中，往往通过减少换气把CO_2浓度提高在适当浓度、关窗盖膜来间歇地延缓开伞，促进长柄，提高品质和增加菇的产量。但如果菇房CO_2浓度长时间高于0.4%，子实体易开伞。

5.光线 蟹味菇菌丝生长阶段无需光照，直射光会抑制菌丝生长，而且会使菌丝颜色变深，但在生殖阶段需要一定的弱光，促使原基正常发育，光照与原基发生量有一定的相关性，黑暗会抑制菌盖分化而产生畸形菇，且影响菇体品质，菇体生长过程中有明显的向光性。出菇阶段光照控制在200 ～ 1 000勒克斯较为理想。

6.酸碱度 菌丝在一定范围内（pH5.0 ～ 8.0）对酸碱度要求不严格，pH4.0 ～ 8.5都可以生长，不同菌株对pH值要求有所差异，菌丝生长阶段以pH6.5 ～ 7.5为好。实际操作中，培养基以pH8.0左右即可。

二、主要栽培品种

我国目前使用的蟹味菇品种均为国外引进的单一菌株。

三、厂房建设与设备配置

生产场所必须选择在通风、周围1千米范围内无化工生产和畜禽养殖场等污染源。

栽培设施一般为标准化的菇房。

需要的设备设施有拌料机、装瓶机、灭菌器、接种箱（百级净化接种室）、菌种培养室、搔菌机、出菇房、制冷机组、加湿器、产品包装机、挖瓶机等。

四、原料选择与配方原则

常用培养料有木屑、棉籽壳、玉米芯、大豆秸秆、甘蔗渣、麸皮、米糠、玉米粉、菜籽饼肥、石灰、石膏等，培养料要求新鲜、无霉变、无虫卵、无有毒有害化学药品。

大段的材料如玉米芯、秸秆、树枝等，需要提前粉碎成黄豆粒大小颗粒或粉状，拌料前玉米芯颗粒等培养料需提前浸泡预湿，浸泡时间夏季以2～3小时为宜，防止酸败和发臭，冬季可预湿浸泡一夜，第二天早上使用。

松木屑、柳树木屑等需要堆积发酵6个月，定期淋水翻堆，去除酚、树脂、精油等成分，通过微生物发酵使木屑软化，被蟹味菇利用。

蟹味菇生产库房

棉籽壳预湿

木屑淋水翻堆

玉米芯预湿

　　按配方称取各培养料，放入拌料机中，将石膏、石灰等放入水中，按照料水比1∶1.2～1.3加水，充分搅拌混匀。培养料含水量用手握法测定，即用手紧握一把培养料，指缝处有水滴渗出，但不下滴为宜。

　　主要配方有：

　　木屑55%，棉籽壳29%，麸皮10%，玉米粉5%，石膏粉1%；

　　棉籽壳83%，麸皮或玉米粉8%，黄豆粉4%，石灰粉2%，过磷酸钙3%；

　　棉籽壳50%，玉米芯44%，麸皮5%，石膏粉1%；

　　玉米芯40%，棉籽壳43%，麸皮15%、生石灰2%；

　　杂木屑70%、麸皮20%、玉米粉10%。

拌料机拌料

五、栽培程序

1.**装瓶** 利用全自动流水线和自动装瓶机完成装瓶、打洞、加盖程序，通过装瓶机调节每个瓶中的装料量相同，栽培用的出菇瓶一般为1 100毫升的广口聚丙烯塑料瓶，整个生产环节均将出菇瓶排放于容量为16或12个瓶的聚丙烯周转筐进行生产操作，周转筐的大小与整个生产程序中的机械配套，每筐菌瓶的生产程序都是一次性完成，装料加盖完成后经传送带送出，人工检查瓶盖，若有未盖好的及时补充。

装瓶机装瓶

加 盖

加盖后通过传送带运送到灭菌间

2.**灭菌** 装料完毕的菌瓶经传送带到达灭菌间，人工搬下，整齐地摆放在灭菌器专配的推车上，推入灭菌器中，高压灭菌达到

121℃维持3～4小时。

进　锅

锅炉发生蒸气，通入灭菌器灭菌　　　　高压蒸气灭菌

3.冷却　灭菌完毕，待高压锅内压力为零，放尽余气后开启锅盖，将装载菌瓶的推车从灭菌器另一端推出，直接进入冷却室冷却，冷却室要求宽敞、整洁，与接种室相邻，有迅速降温设施和洁净系统，定期进行环境微生物检测。

4.接种　待菌瓶温度降至室温后开始接种，接种人员进入接种室前均应洗手、

冷却室

更衣，经过风淋缓冲室方可进入接种室，接种前先用75%的酒精擦拭双手和菌种外壁，用无菌的酒精棉擦拭瓶口，用无菌镊子等接种工具扒掉表面老菌皮，然后将菌种瓶倒置固定于专用接种机的菌瓶筒模具内，菌种按次序进行旋转在酒精灯火焰上方进行灼烧灭菌，处理好的菌种瓶放入接种菌种瓶的设备上，待传送带将灭菌冷却好的出菇瓶送到面前，打开出菇瓶盖，菌种瓶自动迅速将已经扒成颗粒的菌种接到出菇瓶中，菌种灌满预留的空穴，并有少量在瓶口料面上，快速自动盖上瓶盖，接种量一般为1/10。也可利用专用设备，使用液体菌种接种。

用无菌酒精棉擦拭菌种瓶口

去除老菌皮

将菌种瓶放置在接种盘的模具里

接种盘转动，菌种自动定量接入
下方的栽培瓶中

　　5. **养菌**　接种后的菌瓶由传送带直接输入培养室内集中养菌，培养室内要求干净整洁，空气相对湿度65%左右，在菌瓶进入之前对养菌房进行彻底杀菌。

接种完毕传送到中转处

集中养菌

菌丝生长中

六、搔菌和催蕾

1.搔菌　后熟后的出菇瓶，由搔菌机相配套的开瓶机打开瓶盖，搔菌设备清除料面老化的菌种和原基，将残渣倾倒干净，由自动加水设备对每瓶中补充少量的洁净水，然后传送到运输车上，运送到出菇室，摆放在层架上，在瓶口上方盖上潮湿的无纺布保湿。出菇房需要提前控制并维持温度12～16℃，空气相对湿度90%～95%。

2.催蕾　菇房温度维持12～16℃，空气相对湿度90%～95%，CO_2浓度0.1%以下。弱光（10～30勒克斯）照射约7天后，袋口料面便可长出一层浅白色气生菌丝，然后形成一层菌膜，数日内原基即形成，保持较大相对湿度，光照增加到50～100勒克斯，3～5天菌膜表面就会出现细密原基，并逐渐分化成菇蕾。

搔菌机搔菌

注　水

摆放在出菇层架上加盖无纺布

控制器设定温度、湿度、
光照等参数

七、出菇管理

菇蕾形成后即可揭掉无纺布，菇房温度为12～16℃，空气相对湿度85%～90%，每日通风6～8次，CO_2浓度0.1%以下，光照度200～500勒克斯，采收前3天空气相对湿度在85%左右，以延长采收后的保鲜期，从现蕾到采收需10～15天。

蟹味菇生长中

八、产品分级

　　工厂化生产蟹味菇只采收第一潮。在菇盖尚未开伞、菌柄长度5～8厘米、菇体八成熟时及时采收，轻采轻放，将菌根上的培养基剪掉，根据菌盖大小、色泽、光滑程度、菌柄长度等指标分级包装。一般每瓶产量150克左右，包装前进行统一称重，每盘150克，小托盘单独包装贴标后装箱，每箱40小包。放入冷库保存，并尽快上市销售，运输途中需保持0～3℃冷藏。

成熟期的蟹味菇

采　收

包　装

装　箱

九、病虫防控

在菌丝培养阶段，主要杂菌有黄曲霉、根霉、细菌等，在出菇期有细菌性腐烂病、瘤状菇和病毒性畸形菇等。

在原基形成期，菇房要求低温，12～15℃，保持通气，CO_2含量低于3 000毫克/千克，如长出无盖畸形菇，要把菇摘除，再让其分化生长。

栽培中选用高产抗病菌株，菌种要经常提纯复壮，防止病毒侵染，避免使用菌丝生长前端不齐的菌种，菌种退化或病毒侵染都易产生菌盖畸形。出菇过程中要保持温度稳定，不能有5℃以上的温差，出现病菇及时清出菇房，空菇房要清洗消毒后才能新进菌包栽培。

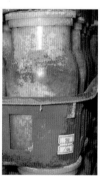

畸形菇　　　　　　　杂　菌

第四节　海　鲜　菇

海鲜菇，属担子菌亚门、层菌纲、伞菌目、白蘑科、离褶伞族、玉蕈属，中文名真姬菇，又名玉蕈、斑玉蕈。质地脆嫩，味道鲜美，具有海蟹味，在日本称之为"海鲜菇"。近年来海鲜菇成为该产品的商品名。目前，栽培的真姬菇有浅灰色和纯白色两个品系，白色品系又称"海鲜菇"、"白玉菇"、"玉龙菇"，深受市场欢迎。多为工厂化栽培。

近年来，海鲜菇风靡美、日、韩等国家和中国台湾地区市场，我国目前主要在上海、山东、江苏、福建省顺昌已大面积进行工厂化周年生产，形成了日产150～200吨的生产能力。

一、生物学特性

（一）形态特征

海鲜菇子实体丛生，菌盖幼时呈半球形，成熟后成扁半球形，盖面光滑，大理石状斑纹不明显，直径1～6厘米。菌柄较长，中生，内实，肉质白色或近白色，多为圆柱状，有时基部膨大。长度因不同菌株而异，成熟时菌柄长3～12厘米。直径0.5～2.0厘米。菌褶片状，弯生或直生，密集排列，不等长，白色。担子棒状，其上着生2～4个担孢子。担

海鲜菇

孢子卵圆形，无色，光滑，内含颗粒，孢子印白色。

海鲜菇菌丝体在PDA斜面试管上呈浓白色，边缘绒毛状，有气生菌丝，不分泌色素，不产生菌皮，能产生节孢子和厚垣孢子。单核菌丝直径1.0～2.0微米，细胞狭长，有分隔，少分枝，无锁状联合；双核菌丝直径2.0～3.0微米，细胞狭长，有明显锁状联合。菌袋成熟后呈松软状，在自然条件下保存一年后仍可结实。

（二）生长发育条件

1. 营养　海鲜菇是一种木生白腐菌，有较强分解木质素的能力。在自然界，海鲜菇主要营养基质包括山毛榉等阔叶树木。人工栽培海鲜菇所需的营养包括碳源、氮源、矿物质和少量的维生素。碳源主要指单糖、纤维素、木质素。实际栽培中利用的碳源主要是棉籽壳、玉米芯等农副产品下脚料和速生杨木屑。氮源是海鲜菇合成蛋白质和核酸的原料，在栽培配料中麦麸、豆粕等原料含有大量的氮

源，生产实际中添加一定量的玉米粉可以提高海鲜菇的产量。海鲜菇需要的矿质元素有磷、钾、钙、镁等，在培养中应加入一定量的轻质碳酸钙等矿质养料。海鲜菇需要的少量维生素类物质，由于培养料中麦麸、豆粉含有的维生素量基本可以满足需要，因而在栽培中常不再添加维生素类物质。

2.温度 海鲜菇属于中偏低温结实性菌类，在自然条件下多于秋末、春初发生。菌丝不耐低温，对高温的抵抗力较弱，高于34℃或低于4℃时菌丝会停止生长，菌丝生长温度5～30℃，最适温度20～25℃。子实体生长的温度范围13～18℃，原基形成的最适温度为10～15℃。

3.湿度 海鲜菇为喜湿性菌类，培养基含水量小于50%或大于80%时菌丝生长很弱。当培养料含水量60%～65%，培养阶段空气相对湿度62%左右，菌丝生长最快，且不易感染杂菌。原基分化阶段的最适空气相对湿度为75%～85%，子实体生长阶段空气相对湿度应控制85%～95%，并根据菇体不同生长阶段进行微调，长期过湿的环境会影响子实体正常发育，易受病虫害侵袭．并出现菇上长菇的现象。

4.空气 海鲜菇是适度好气性菌类，在培养阶段和原基分化，要适当加大通风量，才能保证菌丝健壮生长和原基正常分化发育。在后熟阶段如果通风量过大，会造成菌包内水分蒸发过快，影响子实体分化和产量。子实体生长阶段较高的CO_2浓度能抑制菌盖生长，在实际栽培中可利用这一特性，通过减少换气、盖膜来间歇地延缓开伞，促进长柄，提高菇体品质和增加出菇的产量。

5.光照 海鲜菇菌丝培养阶段不需要光线，直接光照会抑制其生长。在原基分化阶段需要适当给予适度光照，刺激诱导原基发生，适宜光照度为300～500勒克斯。在出菇阶段也要适当抑制光线，这样可以有效调控子实体的整齐度，培育出优质商品菇。光线不足，菇蕾发生不同步，且不整齐，菇柄徒长，菇盖小而薄，品质差，适宜光照度为300～800勒克斯的红光。

6.酸碱度 海鲜菇菌丝在pH5～8的范围内菌丝均可生长，最适酸碱度为pH6.5～7.5。在海鲜菇生产中一般都采用添加1%～2%

的石灰来调节pH值。

二、主要栽培品种

目前国内工厂化栽培广泛使用的海鲜菇主栽品种绝大多数来自于日本组织分离种，生产厂家自己命名，如海鲜菇一号和海鲜菇二号，品种管理比较混乱。

三、厂房建设与设备配置

海鲜菇工厂化栽培方式主要有瓶栽和模仿瓶栽的袋栽法，两者都可分为三区制。在厂房设计和设备配置时都需要根据投资成本、栽培品种、地域差别、季节变化、操作方便、周边环境影响等，对厂房布局、空间大小、冷气和空间水分需求量、光线、内循环风等进行科学合理的设计，使海鲜菇生产投资省、能耗低、效益高、操作方便。

1.**厂房布局** 海鲜菇工厂化生产厂房布局原则，应根据空间空气洁净程度进行合理隔离，由高到低一般分为接种区、冷却区、灭菌区、培养区、出菇区、办公区、生活区、制袋区、原材仓库。接种区空气一般要求达到局部百级净化标准，冷却区达到十万级标准。灭菌器采用双门，培养室有条件可设置成万级，一般采用初效过滤网即可。制袋区和原材料仓库在下风口，拌料机组和装袋机组要进行隔离。

2.**菇房大小** 海鲜菇菇房大小应根据生产规模作科学合理设计，应用瓶栽或袋栽搔菌法栽培海鲜菇可采用大库房集中培养，一般培养房净高6米，面积500米^{2}或更大。出菇房大小可调性较强，一般出菇房净长8米，净宽5.2米，净高3.5米，1米宽双门。

3.**层架设置** 库房内层架设计首先要考虑牢固性、空气流动好、光照均匀、成本低，合理提高库房利用率等方面的需求，以及排袋、采菇等操作的便利。因此，可根据库房的结构、栽培袋的大小来设计床架的长、宽，使床架达到最合理利用。

一般培养房可以设移动层架，每个移动层架直接用叉车堆叠培养，架子层高30～40厘米。袋栽培养房层高30厘米，出菇房层高

50 ~ 55 厘米，出菇层架材料要求选用坚实耐腐的塑料或木材，两层架中间设宽 75 厘米的通道，靠墙两边留 20 厘米作回风道能使室内空气流畅，光照均匀。

4. 制机组设置　海鲜菇出菇温度通常要求在 10 ~ 16℃，该温度下菇体结实、硬挺，可根据地域差别、气候条件、库房大小和温度需求，要求制冷安装单位设计机组制冷模式和功率大小，一般在北方或风大的地方采用风冷，南方采用水冷。

5. 光照设计　光对海鲜菇的菌柄生长、菌盖形成、色素合成有着重要作用，不同色光对海鲜菇生长有不同的影响。自然光和红光在出菇阶段对子实体原基分化有较强的诱导作用，白色光作用次之，自然光作用下的海鲜菇产量最高，但品质差；红色光的产量与质量双佳。海鲜菇在子实体生长过程中要求长时间光照射，光照在 300 勒克斯以上，对促进海鲜菇的整齐度、颜色和菇的质量提高有较明显的作用。因此，在灯光的布局上尽量做到均匀、到位，一般采用日光灯或红色灯带。

6. 通风设计　通风换气包括内循环通风和室内外换气两个方面，是较为关键的一个环节。海鲜菇培养、催蕾和出菇阶段中，都会产生一定量的 CO_2，需要适时更换新鲜空气。内循环通风可在走道的中间上方位置设一独立控制的内循环风扇，加强房间内部空气对流，使 CO_2 尽可能均匀分布。室内外换气则较为复杂，不仅要求适时更换适量的新鲜空气，还应充分考虑到由此带来的温差及湿度的变化。首先应考虑到 CO_2 比重大于空气，排风口应设在离地面 30 厘米左右。进气口设在制冷机组冷风机背后，通过直径 10 厘米 PVC 管连接，通过冷风机进行预冷，也可以利用排出的冷空气提前预冷。经过预冷后的新鲜空气，其空气中所含水分大部分被带出室外，避开了子实体因反复受温差和湿度差影响而产生表面水和病害，提高了海鲜菇的品质。

7. 控制技术　通过自动化环境监控技术，使海鲜菇温、光、水、气各生长因子达到最佳状态，要求把上述各项设计科学合理地连接起来，构成一个完整的监控系统。一是温度，将温度探头连接到控制器，当温度超出设定范围时，自动开启制冷系统。二是光照，将光抑制系统连接到时控开关，设定不同时期的照明强度与光照时间。三是通风系统，将内循环风扇和室内外换气系统分别连接到时控器，然后分别对内循环通风和换气作不同设定，当外界湿度较大时，可增加内循环风量，减少换气通风，以此来稳定室内空气湿度，促进子实体正常生长。室内外换气时，应根据经验值和CO_2测定仪测定的数值，针对海鲜菇不同生长时期，设定相应的换气时间和换气量。有条件的厂家可以通过电脑界面直观监测控制每个库房的环境因子参数。

四、原料选择与配方原则

海鲜菇原材料选择主要根据其需要的营养来搭配，其碳源选择范围较广，木屑、棉籽壳、玉米芯等农业下脚料都可以作为碳源，氮源主要是麸皮、玉米粉、豆粕等，此外还需添加石灰、石膏、轻质碳酸钙等来调节培养基的酸碱度。生产者可以因地制宜选择当地比较丰富的农业废弃物，再综合考虑社会存量、价格、运输成本等，但

木 屑

无论是选择何种原材料，都要求新鲜、干净、无霉变。

若使用木屑为主料，一般选择软质木种，如杨树等阔叶树，松、杉等含油脂的木屑需喷淋、发酵半年后才能使用，堆积时间越长越好，袋式栽培不管使用何种木屑，都需要过筛以保证塑料袋不被刺破。

若采用棉籽壳为主的培养料，一般选择中壳中绒或中壳长绒、无明显刺感，并力求干燥、无霉变、无异味、无螨虫。

若使用玉米芯为主要材料，由于玉米芯含糖量较高，容易发酵产热，一般要求颗粒小，无霉变，尽快吸湿透彻。

海鲜菇工厂化栽培原料配制一般要求棉籽壳、玉米芯等保水剂含量在35%左右，麸皮、玉米粉等氮源含量在35%左右，含水量

62%～65%，灭菌后pH5.8～6.2。常用配方主要有：

棉籽壳30%，麸皮35%，木屑34%，轻质碳酸钙1%；

棉籽壳35%，玉米芯28%，麸皮30%，玉米粉5%，轻质碳酸钙1%，过磷酸钙1%；

棉籽壳25%，玉米芯30%，木屑18%，玉米粉25%，轻质碳酸钙2%。

在原料配制过程中，玉米芯和棉籽壳一定要充分预湿，一般玉米芯夏天提前3小时预湿，冬天提前12小时，预湿过程中可添加1%的石灰；棉籽壳提前2小时预湿，也可通过增加搅拌时间预湿。如果没有预湿透，灭菌过程中湿热蒸气很难穿透大颗粒干材料，造成霉菌污染。在搅拌过程中，原料的添加顺序为玉米芯、棉籽壳、木屑、麸皮、玉米粉、轻质碳酸钙、石膏

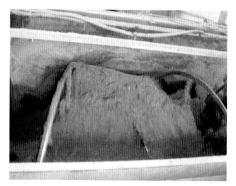

拌　料

粉。在工厂化生产过程中，一般把材料换算成固定体积，逐一加入，搅拌时间每次20～30分钟。总的来说，保证在原料从选择、配制、搅拌过程中不霉变、不酸败是工厂化栽培的一项重要基础工作。

五、栽培程序

1. 装袋、封口　海鲜菇工厂化栽培装袋一般采用聚丙烯折角袋或低压聚乙烯塑料瓶，规格为17～19厘米×33～40厘米，一般每袋装湿料950～1 100克，填料高度14～16厘米，装袋时尽量做到培养料外紧内松，料面压紧压平，外壁光滑不皱折，防止袋壁出菇。在夏季，制袋工人上班时间要提前，或打包车间装空调，保证工作环境温度在26℃左右，减少微生物自繁量。目前绝大部分厂家都采用福建研制成功的金针菇专用冲压式装袋机，减少了劳动强度，提高了劳动效率。

装袋好的培养包一般可以预制耐高压塑料棒，或用木棒预制预留孔，方便菌种掉落至袋底，封口方法有棉花塞法和塑料透气盖法。棉花塞可以用原棉制作，透气性好，弹性好，不易收缩变形，可以重复利用多次，但价格较高。也可以用化纤棉，价格低，

装　袋

易收缩，但重复利用次数多时起不到过滤防霉的作用。塑料透气盖是近年来推广较多的方法，首先在瓶栽中使用，袋栽厂家近年也开始借鉴，透气盖使用起来简单方便，但要选择正规厂家生产的产品，才能保证盖与套环的吻合度和透气性。

2. 灭菌、冷却　灭菌是海鲜菇工厂化栽培的重中之重，从搅拌到进锅灭菌的时间尽量控制在6小时内，灭菌方式可用常压或高压灭菌方式，聚丙烯材质采用高压或常压均可，聚乙烯材质只限于常压灭菌。常压灭菌100℃保持12～18小时，高压灭菌121℃ 3～5小时为宜，不同高压锅型号不同，结构和体积不

灭　菌

用，都应根据型号做出不用的程序调整。采用高压蒸气灭菌，特别要注意开门时速度不能太快，以防塑料袋胀破。

冷却可以采用自然冷却和强制冷却，自然冷却主要依靠自然风和风扇强制对流冷却，适用于小规模工厂化，空气对流过程中与外界自然空气有一交换过程，一旦外界空气杂菌数量增多，使棉花塞或塑料透气盖上附着杂菌

冷　却

的概率也增加了，只能药物消毒来实现相对无菌。强制冷却主要适用于双门高压锅，出锅时冷却室空间空气要达到十万级净化标准，

再通过制冷机组强制冷却。

3. 接种 接种要严格按照无菌操作规范要求进行。所用的菌种要严格挑选，发现杂菌感染或已经出菇的菌种不能用作栽培种，接种量以薄层覆盖料面及有适量菌种掉入接种孔为宜。传统模式的接种箱接种，正逐渐被净化接种室取代，净化接种一般采用流水作业，冷却好

接 种

的栽培袋整筐在净化度达到百级的区域接种，周转筐或采用传送带或人工搬运，整筐接种整筐输出。采用净化接种室接种，预留孔不易堵塞，接种速度快，发菌速度快，是一种值得推广的接种方法。

4. 培养与后熟 栽培袋接种后应马上放入培养室发菌，将培养室温度控制在20 ~ 22℃条件下培养，当室内低于14℃时，应加温培养。培养室要求黑暗、干燥、通风。栽培袋袋口向上，整齐排放。在适温下接种后1 ~ 2天菌丝开始萌发，25 ~ 30天后菌丝可长满全袋。在培养过程中应注意通风换气，空气湿度65%左右，CO_2浓度控制

培 养

在5 000毫克/千克以下，以加速菌丝蔓延，促使每个培养袋内的菌丝均匀生长。通风进气口应有初效空气过滤网，有条件的企业使培养室的空气净化度达到十万级标准。

海鲜菇后熟在培养房完成，在菌丝发满菌包后，提高温度1 ~ 3℃，空气湿度控制在65%，CO_2控制在5 000 ~ 10 000毫克/千克，减少制冷机启动次数，降低菌包水分流失速度。海鲜菇菌包

达到生理成熟的外现标志，是色泽由白色转至黄色，手握有松软感。生理成熟所需时间长短取决于后熟温度、空气湿度、装料量以及光照的影响等。

六、催 蕾

当海鲜菇菌袋生理成熟后即可催蕾，海鲜菇催蕾在出菇房进行。

催蕾时，出菇房温度应控制在6～14℃，加大通风换气量和光照，空气湿度控制75%，当黄褐色水珠出现后，即可拔除棉花，待培养基表面形成原基后即可去掉套环，把打包袋拉

催 蕾

直，盖上薄层无纺布、塑料地膜或60目以上防虫网。瓶栽催蕾时一般会加上机械搔菌，袋栽机械搔菌增加了很大的工作量，一般不建议采用。棉花塞去掉后，室内温度尽可能保持在12～14℃。光照度300～800勒克斯，相对湿度85%～95%。

七、出菇管理

在整个出菇管理过程中，主要是控制和调节菇房内的光、温、水、气4种环境因子，使之尽可能满足海鲜菇子实体正常分化发育对环境条件的要求。在同一出菇房内，这4种因子相互制约。如何根据菇房大小、气候变化等因素调整这些因子是长期经验积累的过程，灵活操作才能获得最佳效果。总体来说，出菇期间要经常向地面和空间喷水保湿，保持空气相对湿度85%～95%，光照度300～800勒克斯，CO_2浓度控制在5 000～8 000毫克/千克，温度10～15℃。

八、产品分级

当菇柄长度达到14～16厘米时采收，所有的菇丛头均朝筐两侧

排放。对于企业化栽培来说，海鲜菇产量的70%集中在第一潮，如果继续管理，所产生的经济效益弥补不上占用冷库房时间、劳力的费用。采收后栽培袋用破碎机破碎、暴晒，备用。有的添加部分新料再用于平菇栽培；有的将废料经过发酵，作为有机肥料。

一般包装分为大包装和小包装两种。目前包装规格有2.5千克装的大包装及100克的小包装。将包装后的海鲜菇推入专用冷藏间预冷。预冷的目的是使包装后塑料袋内中心鲜菇温度和预冷间温度基本一致。

出　菇

九、病虫防控

对于海鲜菇工厂化生产病虫防控来说，制定严格环境卫生制度最为重要，最关键的还是严格实施环境卫生制度。

1.菇盖长菇　在菌盖上出现白色点状物。组织分离后为海鲜菇菌丝，普遍认为是由于长时间空气湿度过大引起，降低出菇房内空气相对湿度可以有效防止该现象。

菇盖长菇

2. **软腐病**　一般海鲜菇基部先受害，初呈褐色水渍状斑点，后逐渐扩大，随后病部产生灰白色絮状气生菌丝，组织逐渐软腐。当栽培环境气温高于18℃，室内空气换气不足时，病灶迅速扩展，造成菇体倒伏、腐烂，并覆盖一层白色絮球状分生孢子。

3. **绿色木霉**　该病菌在空气中自然存在。严格进行培养房的预防消毒。每周对库内及时拖地，撒漂白粉消毒。对已发病的栽培包应烧毁或淹埋。

4. **螨害**　做好环境卫生工作，杜绝螨类栖息、繁殖。栽培废袋任意丢弃，原料仓库、打包车间长时间不清扫，均是产生螨害的祸根。栽培冷库使用前所有的层架用克螨特500倍液喷湿，进行药物预防。

第五节　白　灵　菇

白灵侧耳，俗名白灵菇，又名天山神菇、翅鲍菇、白灵芝菇、克什米尔神菇、阿魏蘑等，主要分布在西西里岛北部地区和东部埃特纳火山海拔1 200～2 000米的石灰土地区，此后，在南欧、中非和北非，包括法国、西班牙、土其耳、捷克、匈牙利、摩洛哥、哈萨克斯坦、印度克什米尔地区和以色列均有发现。在我国，白灵侧耳野生分布于新疆伊犁、塔城、阿勒泰、托里和木垒等地区。

瓶栽白灵菇

白灵菇是近几年发展起来的新兴菇类，由于其形态洁白、味道鲜美，一直是食用菌市场中的"皇后"，产品也走俏国内外市场。进入21世纪以来，白灵菇工厂化栽培技术快速崛起，至2009年，我国白灵菇总产量达到20.48万吨，产值达1 103.3亿元。中国食用菌协会授予白灵菇为"全国名优产品"，并被真菌保健科学技术学会列为

"推荐产品"，大力发展白灵菇是一个趋势，尤其是研究如何缩短栽培周期是工厂化栽培需要解决的关键问题。

一、生物学特性

（一）形态特征

1.菌丝体形态 白灵侧耳菌丝体由一根根很细微的管状菌丝组成，宽3.0～6.0微米，菌丝中有横隔膜。隔膜中间有桶状膜孔。白灵侧耳菌丝体在平板培养基中，菌丝体白色，菌落舒展、均匀、稀疏。

白灵侧耳菌丝有单核菌丝、双核菌丝和三生菌丝的区别。

（1）单核菌丝（初生菌生）：由担孢子吸水膨胀萌发形成。白灵侧耳单核菌丝分枝多，在培养基中菌丝体较疏松，不一致，不均匀，呈绒毛状。

（2）双核菌丝（次生菌丝）：由同核菌丝体或异核菌丝体的初生菌丝相互融合而成，菌丝分枝较单核菌丝少，生长速度较单核菌丝快。白灵侧耳双核菌丝在两个细胞隔膜处留下明显的钩状突起，即有锁状联合现象。

（3）三生菌丝体：形成子实体的一些组织化菌丝，包括菌盖、菌柄、菌肉等部位的菌丝体。

2.子实体形态 野生状态下，百灵侧耳的形态多样性非常丰富，有掌状、扇状、匙状、马蹄状等。子实体多单生。菌盖初凸出，后平展，白色或米黄色，有时有不规则或放射状暗细小条纹，直径6～13厘米。盖缘初内卷，后平展，在干旱低温环境下，菌盖常发生龟裂，露出白色菌肉，其上产生白色鳞片。菌肉白色，肥厚，中部厚0.3～6厘米，向边缘渐薄。菌褶白色或灰白色，密集，子实体成熟时菌褶竖立，长短不一，渐延生。菌柄偏心生至近中央生，长2～6厘米，粗3～6厘米，上下等粗或上粗下细，表面光滑，肥壮，球柱状，白色。菌柄实心，菌肉质地脆嫩、细密，经烹调，呈现特有的脆嫩风味。孢子印白色，孢子无色，光滑，长椭圆形至椭圆形，大小为11～16微米×5～8微米，有内含物。

白灵侧耳子实体发育的形式一般分为以下5个时期：

（1）原基期：当菌丝生理成熟时，受低温变温刺激，菌丝开始在表面扭结，形成白色米粒原基，此期为原基期。

(2) 菇蕾期：随着菌丝米粒状小点不断增大，逐渐分化出丛状子实体原基，呈小球状，个数多，此时期为菇蕾期。

(3) 幼菇期：球状子实体原基不断增长，菇体组织不断分化生长，逐渐由球形转变为贝壳状，表面平展光滑，背面开始有少量菌褶出现。在菌盖发育和生长的同时，菌柄也不断地生长发育，呈肥壮的球柱形，最终菌柄长至正常子实体大小。

(4) 展盖期：菌柄生长至圆柱形以后，菌盖不断扩展，呈边缘内卷的圆形或近圆形。随着菌盖不断加大，逐渐形成菌盖应有的形状。

(5) 成熟期：当菌盖成形之后，菌盖边缘逐渐展开，菌褶逐渐变黄，张开，孢子开始散落，菇体进入成熟期。

袋栽白灵菇

（二）生长发育条件

白灵侧耳菌丝和子实体的生长发育条件包括营养和环境两方面，其中环境条件涉及温度、水分、空气、pH值等。在栽培过程中，只有满足了白灵侧耳的生长发育条件，才能获得优质、高产的产品。

1. 营养 白灵侧耳是一种木腐类大型真菌，属异养型生物，体内无叶绿素，不能进行光合作用，只能依靠菌丝细胞分泌的各种胞外酶的作用来分解和利用自然界现成的或人工调制的营养物质。李玉等(2008)研究表明，白灵侧耳整个生育期的胞外酶活性变化具有明显的阶段性。滤纸酶、羧甲基纤维素酶和半纤维素酶活性在菌丝生长阶段较低，现蕾后活性急剧增强；酸性蛋白酶和中性蛋白酶活性在菌丝生长阶段比较稳定，现蕾前相对较低，子实体生长阶段这两种酶的活性又明显增强。整个生长阶段酸性蛋白酶的活性明显高于中性蛋白酶的活性。

营养是提供合成原生质和代谢产物原料，也是白灵侧耳维持自身生命活动的能量来源和建造自身有机体的物质基础。增减培养料中营养成分的种类、数量和比例等对白灵侧耳的生长和产菇速度以及产量、质量等有直接影响。白灵侧耳的营养主要包括碳源、氮源、无机矿质营养和维生素等。野生白灵侧耳的主要营养源来自阿魏植物的根茎。人工栽培的白灵侧耳以棉籽壳、麦粒、玉米芯等作为营养源。

(1) 碳源：白灵侧耳的主要碳源有植物枯茎（特别是阿魏植物的枯干）、各种阔叶树木屑、农作物秸秆（如稻、麦、玉米、地瓜、花生等的茎叶）、谷粒（如小麦、玉米、高粱）以及麦麸、米糠等。这些营养物质在一定的配比条件下，在白灵侧耳胞外酶作用下，将大分子化合物分解成简单的可溶性糖类（碳水化合物），给白灵侧耳提供养料并积累水分。白灵侧耳不能利用二氧化碳、碳酸盐等无机碳。凡单糖、有机酸和醇等小分子化合物可直接为白灵侧耳所利用，而纤维素、半纤维素、木质素、果胶质、淀粉等大分子化合物不能直接吸收。白灵侧耳菌丝对碳源的利用具有选择性，对葡萄糖、麦芽糖利用最好，菌丝生长速度快，菌丝生长浓白，旺盛；蔗糖、果糖、乳糖次之。以可溶性淀粉作碳源时，菌丝生长快，但长势差，菌落稀薄。

(2) 氮源：在菌丝生长阶段有机氮对菌丝生长的促进优于无机氮。酵母膏和蛋白胨含有各种氨基酸，可直接被菌丝利用，而且使用这些多组分复合氮源时，白灵侧耳菌丝生长较快，生物量较高。使用无机氮源时，菌丝必须利用无机氮合成其需要的各种氨基酸，而某些氨基酸几乎不能或完全不能合成。因此，白灵侧耳虽然能利用无机氮，但生长缓慢。如以硝酸钠和硝酸铵为氮源进行白灵侧耳液体发酵时，生物量较低；而以蛋白胨和玉米粉为氮源时，生物量较高，以蛋白胨最佳，豆饼粉次之。

（3）无机盐　无机盐是白灵侧耳生命活动不可缺少的营养物质，主要包括磷、钾、钙、镁和铁、钼、锌、硼等。

在配制白灵侧耳培养基质时，需要加入0.1%～0.3%的磷酸氢二钾或磷酸二氢钾、过磷酸钙或钙镁磷复合肥等。

木屑、秸秆等含有丰富的钾，已足够白灵侧耳生长的需要，一般不用另外添加。在母种培养基中加入适量钾，有利于菌丝生长。

钙能平衡钾、镁、钠等元素，当这些元素存在过多，钙能与其形成化合物，从而消除这些元素对百灵侧耳生长的有害作用。培养基中使用石膏等还可中和酸根，稳定培养基中的酸碱度。

（4）生长素　生长素又叫生长因素、生长因子，对白灵侧耳营养生长和生殖生长有明显影响的物质，如维生素B_1、生长刺激素三十烷醇、核酸、α-萘乙酸等。白灵侧耳菌丝本身不能合成维生素B_1，只能从培养基中吸收。配制白灵侧耳母种培养基时，一般每升加入10微克维生素B_1。栽培种培养基中含有一定量的维生素B_1，所以配制栽培种或栽培菌棒的培养基时，无须另外加入。

2.温度　白灵侧耳出菇温度较低，是一种低温型食用菌。菌丝在0～32℃范围内都能生长，在0～25℃温度范围内，随着温度上升，菌丝长势越来越好，生长速度加快。适宜温度23～25℃，最适温度23.8℃。超过27℃时，菌丝生长速度减慢，长势变弱。在35℃以上菌丝停止生长。菇蕾分化温度为0～13℃，子实体生长适宜温度为12～18℃。栽培试验结果表明，不同菌株之间略有差异，一般出菇管理掌握在12～18℃范围内，原基分化温度为5～13℃。白灵侧耳耐低温的能力强，在0℃下放置1年以上或-10℃的条件下，其生活力不受影响。低于10℃的低温刺激有利于子实体分化。人工栽培时，在低温条件下，白灵侧耳子实体生长虽较缓慢但不易开伞，较耐储藏，此时子实体菌盖更肥大，菇肉更肥厚结实，商品性极高。在较高的温度条件下，菌柄较长，菌盖易开伞，子实体较瘦小，易发黄，商品性差。当温度高于23℃，菇体极易腐烂、发臭。

在单一恒温条件下，白灵侧耳难以形成子实体。要想得到理想的子实体，必须给予恒温和变温的管理手段。当菌丝体达到生理成熟时，需要自然或人为对白灵侧耳菌丝体给予短暂的低温变温刺激，迫使白灵侧耳繁殖后代，产生繁殖体。

3. 水分与湿度 短期缺水，白灵侧耳菌丝会处于休眠状态，长期缺水必定死亡。不同的发育阶段，对水分的要求不同。菌丝生长阶段，对培养基中含水量有严格的要求，而子实体阶段扭结期（原基期），较高的相对湿度(90%～95%)有利于菌丝体扭结和原基形成。幼菇生长发育期，较低的空气相对湿度，菇体的发育更加结实。如在空气相对湿度70%～80%的条件下，菇体增大，朵形美丽。子实体生长发育的适宜相对湿度为85%～95%，过湿和高温环境(23℃以上)往往引起菇体发黄、腐烂。在较低空气相对湿度（70%左右）条件下，子实体能够正常生长和发育，但生长速度较慢，子实体较小，产量较低，且菇盖易产生龟裂和表皮形成鳞片等。

生产中，培养基配制的料水比为1∶1.1～1∶1.3。目前，白灵侧耳栽培以木屑、棉籽壳、玉米芯等为主料。由于主料的种类不同，粗细度、软硬度不同，制作成的培养基吸水能力有很大差异。如玉米芯吸水性比木屑强，硬质树种木屑吸水性比松软质树种木屑差，粗木屑吸水性比细木屑差。由不同材料配制栽培培养基时，料水比变化幅度也较大，在装袋或装瓶时正常培养基含水量应掌握在60%～65%。含水量过高会导致培养基内氧气不足而影响菌丝生长，同时，杂菌污染也易增多；培养基过干，菌丝生长慢且无力。

由于白灵侧耳子实体个头大，菌肉厚且致密，和阿魏蘑、杏鲍菇等一样，具有相对较强的抗干旱能力。

4. 光线 白灵侧耳菌丝生长不需要光线，菇蕾分化需要一定的散射光。光线太弱，在5勒克斯以下，子实体发育很差；50～100勒克斯，子实体能正常成形与发育，但往往菌柄偏长；300～800勒克斯，子实体发育正常；在500～2 000勒克斯的照度条件下，菇柄变短，菌肉结实肥厚，生产的菇商品性高。阳光直射和完全黑暗环境均不易形成子实体。另外，在子实体生长阶段阳光直射或光线太强。容易造成子实体失水，菌盖表面发生龟裂，影响成品菇的商品性。应尽量避免阳光直射。

5. 通气 白灵侧耳属好气性菌类，菌丝和子实体生长发育都需要新鲜的空气。在不通风的菇房中，子实体生长缓慢或变黄，菇房CO_2

浓度超过0.5%时，容易产生畸形菇体，如羊肚菌状或玫瑰状子实体。

6.酸碱度 野生白灵侧耳生长在伞形科大型草本植物的根茎上，如刺芹、阿魏等。其根系的土壤属微碱性土壤，pH7.8左右。研究表明，白灵侧耳的菌丝可在pH5～11的基物上生长，适宜pH5.5～7.5，最适pH6.6。

二、主要栽培品种

1.中农1号 子实体色泽洁白，菌盖贻贝状，平均厚4.5厘米；长宽比约1∶1，菌柄的长宽比约1∶1，菌盖长和菌柄长之比约2.5∶1；菌柄侧生，白色，表面光滑。子实体形态的一致性高于80%。培养料适宜含水量70%；菌丝最适生长温度25～28℃；子实体分化温度5～20℃，最适10～14℃；发菌期40～50天，后熟期18～20℃下30～40天；菇潮较集中。栽培周期为100～110天；温度高于35℃、低于5℃时，菌丝体停止生长。子实体生长快，从原基出现到采收一般7～10天。出菇整齐度高，一潮菇一级优质菇在80%以上。基质含水量不足或高温时菇质较松。一潮菇采收后补水可以出二潮。产量表现：棉籽壳为主料栽培，生物学效率一潮菇为40%以上。

2.华杂13号 菌盖扇形，白色，直径7～12厘米，肉较厚，菌盖厚约2.5厘米，菌褶延生，着生于菌柄部位的菌褶有时呈网格状；菌柄侧生或偏生，中等粗长，约6～8厘米；菌丝生长温度以23～26℃为宜，长时间超过28℃菌丝易老化，大于30℃易烧菌；接种后70～80天出菇，出菇快，较耐高温，出菇不需冷刺激和大的温差，商品性较白阿魏蘑稍差。在适宜条件下，生物学效率为40%～60%。建议在湖北、江西、安徽等南方白灵菇产区栽培，亦可在河南以北等北方地区栽培。

3.中农翅鲍 中低温型菌株。菌丝短细且密，菌落呈绒毛状。子实体掌状，后期外缘易出现细微暗条纹，菌褶乳白色，后期稍带粉黄色。子实体大中型，菌盖厚5厘米左右，菌盖长11.7厘米，宽10.6厘米。菌柄侧生或偏生，柄长1.1厘米，直径1.95厘米，白色，表面光滑。栽培周期120～150天。子实体生长较缓慢，耐高温高湿性差。货架期长，质地脆嫩，口感细腻。产量表现：以棉籽壳为主料的栽培条件下，一潮菇生物学效率35%～40%，二潮菇生物学效率20%～30%。建议在四川等相同生态气候地区栽培。

4．KH2 子实体单生、双生或群生，洁白，致密度均匀、中等。菌盖成熟时平展或中央下凹，直径6～12厘米；菌柄偏中生，近圆柱状，长4～8厘米，直径2～5厘米。适温下发菌期30～35天，后熟期40～45天，后熟期要求散射光照。栽培周期90～120天。原基形成需5℃以上温差刺激。菌丝体可耐受35℃高温，子实体可耐受5℃低温和24℃高温。袋料栽培条件下，生物学效率60%～80%。建议在福建、浙江、江西、安徽、江苏、河北、湖北、河南、湖南、四川、山东、上海、重庆、北京等地区栽培。

三、厂房建设与设备配置

工厂化栽培白灵侧耳工序较多，生产布局合理与否关系到白灵侧耳的产量、质量和生产效率，最终体现在生产成本和经济效益上。

1．栽培地点的选择 栽培场所选择应考虑下面几个方面：

（1）清洁水源：要求水源充足，水质优良，远离村舍、畜禽场所以及产生有毒物质的工厂，以免周围地下水和河流水污染。

（2）交通便利：食用菌在生产过程中，需要大量原材料进入生产基地，基地生产的食用菌也需要及时运往销售市场，在选择栽培场所时要考虑到交通是否便利，是否能够满足一定型号的货车进出需要。此外，也不能选择与高速公路相临的区域，由于高速公路路面过往车辆多，在局部区域产生过高的汽车尾气排放，造成局部环境污染，可能影响食用菌产品品质。

（3）充足的电力：食用菌生产过程中需要一定的机械设备，这些设备要有充足的电力供应作为保证。

（4）栽培地形的选择：应该选择地势平坦的地方，同时，栽培区要排水良好。

2．原辅材料的储备地 栽培白灵侧耳的原料以棉籽壳、玉米芯、木屑等为主料，以麦麸、米糠、石膏或碳酸钙为辅料，分为室内和室外储藏。储藏场所均为水泥地，同时在设计时要考虑便于大型货车进出和提高工作效率。

3.培养基配制车间 设置破碎机、大型搅拌机（二级搅拌或三级搅拌）、小型高压灭菌锅、大型高压灭菌锅。破碎机紧靠室内外储藏地。整个培养基配制车间面积按照生产要求准备，多为工棚结构，但要注意建筑工棚的安全性。

4.培养基灭菌和冷却 填料后的栽培袋置入专用塑料周转筐内，重叠在周转小车上，直接推入双门隧道式高压灭菌锅内灭菌。周转小车从灭菌锅前门进入，灭菌后从灭菌锅的后门拉出，进入净化冷却室内进行自然冷却或强制性冷却。

5.接种室 冷却后，将周转小车直接拉入接种室。接种室的设计有正压和静压两种，无论哪一种设计，接种室内地面、墙壁等均应该光洁，以防止尘埃沉积。接种室应和冷却室相临。室内可放置常规单人接种箱，或者采用正压过滤接种室开放式接种。尽量保持接种室内相对无菌状态是降低污染率的有效途径。另一方面，接种过程中尽可能减少人员进出，避免由于人员流动带来杂菌污染。

6.菌种培养室 菌种培养室一般应紧挨接种室，采用角铁组合成的培养架。要求水泥地面，并且要极其干净。内安置冷热空调机。在南方潮湿的环境条件下，要配置必要的除湿设备，避免由于空间相对湿度过大引起菌种污染率上升。一般菌种培养室的面积为40～60米²，能够存放0.7万～1万瓶菌种的层架，以便周转使用。

7.培养房 主要用于接种后栽培袋的菌丝培养和后熟管理。目前，对于工厂化生产企业，倾向于采用相对较大的培养室培养，目的是一方面降低建筑成本，另一方面利于工业化操作，减少人员使用数量，从而降低生产成本。面积为250米²左右。全年室内温度在15～25℃范围内可任意调控。如果采用塑料袋栽培，库内需放置6～8层栽培架数列（也可以采用可移动式栽培架，便于机械化操作），层与层之间的距离为40厘米。每间摆放量控制在5万袋左右。根据计划日生产量、单产重量、培养天数及栽培架上存放的数量，确定培养间数。

8.出菇房、包装间、储藏间 出菇房尽可能紧靠培养房。食用菌生产是密集型大规模生产，需要大量的人力，尤其在出菇管理阶段。出菇房的大小应适宜，以提高出菇产量和品质，同时兼顾工作效率。白灵侧耳出菇需要温差刺激，室内温度设计要求在4～18℃范围内可任意调控，同时需要配置湿度控制、通风控制以及光照控制装置。目前大部分生产企业采用"网格墙式栽培"。网格内径为12.4厘米×12.4厘米。根据房间高度决定栽培层数，顶层距离天花板100厘米左右。出菇房内还应紧靠包装间（8℃）及冷藏间室（2～3℃）。

培养房和出菇房之间温差较大，在进行食用菌菇房规划时，一定要实行分区管理，不能混合排列。实行分区管理能提高生产效率；另一方面，在培养区与出菇区分别安装隔热风幕机，可使菇房内外环境隔开，杜绝冷暖空气对流形成结雾，保障开门作业不影响菇房内温度回升，避免由于温度梯度引起的能量传递，从而达到节约能源的目的。

9. 菇房保温　建议新建的冷库式菇房选择现代冷藏库结构。虽然投资额较大，但减少大量的土建工程，具有快速、简洁、保温效果好等特点。也可以将旧厂房改建，有些地方采用5厘米厚的聚苯乙烯板材（自熄）进行分隔和吊顶。该方法由于保温层裸露在外面，随着栽培时间的延长，保温层由于本身有一定的吸湿能力，导致保温效果越来越差，生产耗电成本加大。最好采用专用保温板。此外，还要设置定时自动控制进、排气量。

10. 制冷系统　在选择制冷方案时，需要根据工程的具体情况，如热源、电源、所需的冷量、菇房设计及食用菌品种等多种因素，同时结合当地的气候条件和水源情况进行全面的比较。根据投资、占地面积、能量消耗以及运行管理难易等指标，经济合理地确定制冷方案和选择制冷机的形式。

另一方面，能否平稳供电，是周年工厂化栽培白灵侧耳的前提。尤其是夏季高温季节，各库式菇房制冷量能否达到设计温度要求，是白灵侧耳工厂化栽培成功的基础。制冷设备选择是否合理也是低成本生产的关键。在国内，大多数白灵侧耳企业均采用水冷式制冷系统。此外，为了保证白灵侧耳工厂化周年生产，还要配备必要的备用发电机组，以防止突然停电。

除了上述技术要求之外，在某种程度上和整个栽培卫生环境密切相关连。栽培后废料、培养过程的污染物处理场所合理设置、栽培环境的好坏，是白灵侧耳工厂化栽培的又一关键内容。

四、原料选择与配方原则

1. 栽培原料的选择 国内所有白灵侧耳周年栽培企业大多选用木屑和棉籽壳作为栽培主料，再添加些辅料（麦麸或米糠、玉米粉、石膏等）进行生产。同时，也可以根据当地资源获取是否容易，确定合适的栽培配方。

主料：用软质阔叶树木屑或棉籽壳做主料。棉籽壳除了作为碳源、氮源之外，还起着改善培养基透气性和具有较高吸水性能的三重作用。选择适宜含绒量、断绒少、手握稍有刺感、农药残留较少、灰白色的棉籽壳为宜。在实际生产中，要考虑到主料的物理性状，如颗粒粗细、吸水率、材质孔隙度以及干燥度等。

氮源原料：白灵侧耳栽培生育期较长，一般情况下，用米糠、麦麸、玉米粉作氮源原料，在生产中要注意麦麸和米糠的质量和新鲜度。白灵侧耳菌丝体先以米糠及麦麸中的淀粉作为碳源，又作为氮源，起双重作用。添加玉米粉具有较明显的增收效果。购置时，要注意质量，注意防潮，防止结块。

2. 培养基配方

配方1：棉籽壳43%，木屑30%，麦麸17%，玉米粉5%，石膏1%，过磷酸钙1.0%，石灰3%。

配方2：棉籽壳60%，阔叶树木屑23%，麦麸10%，玉米粉5%，石膏1%，石灰2%，过磷酸钙1%。

配方3：棉籽壳30%，阔叶树木屑20%，玉米芯20%，麸皮23%，玉米粉5%，石膏1%，石灰1%。

配方4：棉籽壳60%，玉米芯20%，麦麸12%，玉米粉5%，石膏1%，石灰2%。

以上配方任选一种，含水量应控制在62%～65%，灭菌后pH7.0～7.5。

3. 培养料的配制方法 白灵侧耳工厂化栽培，每日生产栽培袋数量在数千袋甚至上万袋。为了减轻劳动强度，一般采用搅拌机进行强制性机械搅拌，使棉籽壳充分预湿。此外，还有其他附属设备。主、辅料一般要用相应容器衡量。

规模化生产，一般栽培基质含水量控制在62%～65%。还要考虑所栽培品种、季节、袋口径、填料的高低、出菇房的保温性能、内循环风机的功率（风速、风压）、市场销售淡、旺季、栽培主料的持水性能和培养基密度等因素。具体做法：先将不同重量换算成相应体积，采用不同体积容器来量取培养料各组分材料。不同培养基质栽培主料往往因其物理性、化学性质存在差异，其配制时材料吸水速度不一，为了提高吸水速度和均匀性，一般采用机械搅拌，采用双螺旋搅拌机搅拌效果更均匀，不会发生死角。在机械外力的挤压下，使不易吸水的材料，如棉籽壳经过20分钟的搅拌就能够充分吸足水分（棉籽壳不用预湿）。每次搅拌量不宜太多，在搅拌过程中材料之间会产生摩擦发热，引起细菌增殖，pH降低，有酸败倾向。料太多，有可能使料温上升过快，造成酸败。所以有的厂家选择多级搅拌，有的进行二级搅拌，甚至三级搅拌，目的都是为了培养料各组分充分搅拌均匀，含水量一致，不酸败。这是企业化栽培成功的重要基础工作之一。

五、栽培程序

1.制袋、灭菌、接种　白灵侧耳装料制袋、灭菌、接种方法与其他袋栽食用菌相类似，方法参见本书金针菇、杏鲍菇相关章节。

2.培养后熟　培养室的温度由风机和室外制冷机组进行自动控制，菌丝培养环境温度22～24℃，相对湿度60%～70%。代谢过程所需要的新鲜空气，由新风补充系统补充。白灵侧耳产生的代谢产物由安装在培养室下墙脚的轴流式风扇排除。一般正常情况下30～40天满袋，当菌丝长满菌袋后，培养温度降低至20℃左右，促进菌丝生理成熟。继续培养30～50天，栽培袋逐渐进入生理成熟，这一阶段称为菌丝"后熟培养"。

六、搔菌和催蕾

1.搔菌、催蕾　白灵菇属于低温变温结实性菇类，搔菌、催蕾是白灵菇工厂化生产工艺中的一项关键技术。子实体分化时对温度要求严格，必须有较大的温差刺激才能分化。因此，经过搔菌处理的菌袋，人为采取10℃以上的温差刺激，诱导白灵菇子实体分化，可使出菇整齐,并可提高产量。搔菌方法:首先刮去老菌块,然后将菌袋表面的菌丝去除约1 ~ 1.5厘米,然后在20℃温度下养菌,当表面的菌丝开始恢复时,再进行温差刺激、增加光照、湿度等措施催蕾。催蕾方法:白天在14℃温度下培养,晚上在4℃温度下低温刺激,每日给予12小时1 000 ~ 1 500勒克斯光照度诱导,相对湿度保持在85% ~ 90%。在低温、散射光和高湿度等环境的刺激下,大约15天左右就可以明显看到栽培袋培养基的表面不定点发生的子实体原基。

2.疏蕾 当白灵菇子实体原基形成后,温差刺激结束,将出菇房内的温度调整为13 ~ 15℃,并保持800 ~ 1 500勒克斯光照,相对湿度调整为90% ~ 95%,进行出菇培养,同时,根据原基形状和大小,对原基进行适当取舍,为保证选蕾安全,一般保留1 ~ 2个菇蕾,当菇蕾生长一段时间后,选择具有菇形好、颜色白等优点的菇蕾,再去掉其他菇蕾。为提高白灵菇产品的品质,一般单个栽培袋仅生长1个。

七、出菇管理

出菇管理是一项十分细致的工作,而且子实体对环境变化很敏感,因此要有很强的责任心。要将在栽培架上不同位置的栽培袋,根据各栽培袋内菇蕾发育状态进行上下、前后、左右的人为调整,并根据不同季节、天气状况(晴天还是雨天)、市场价格的变动等调整各栽培冷库内的温度、相对湿度及新风补充量。这要通过长期的实践,详细观察菇蕾形态上微小的变化,马上能够做出准确判断,及时调整,才能够获得优质、高产。俗话说:要学会和菇"对话"。这是一项长期经验积累的过程。在栽培管理中主要考虑不同发育阶段温、湿、光、通风的协调性,它们之间有的是互为矛盾的,要抓住不同发育阶段可能产生的主要矛盾进行分析,灵活控制菇房的环境条件,为白灵菇的优质高产创造一个良好的生长环境,同时还要在生产中注重节能。

1.幼菇期管理

温度:白灵侧耳子实体生长的最适宜温度为12 ~ 15℃。栽培时,通过控温设备,保证出菇所需的正常温度,提高产品的产量和质量。出菇期间，菇房温度长期低于8℃或高于20℃，对白灵侧耳生长极为不利，应尽力予以避免。

水分：白灵侧耳出菇阶段要求菇房的空气相对湿度较高，以85%～90%为宜。每天向菇房空中或墙面、地面喷细雾水，切勿将水喷在子实体上，否则白色子实体上会留下黄色斑点，影响白灵菇商品价值。如空气相对湿度过高，再加高温，子实体会腐烂；空气相对湿度过低时，子产体开裂，影响白灵侧耳外观。

空气：白灵侧耳是好气性食用菌，在子实体生长阶段新陈代谢旺盛，需要大量的氧气。应加强菇房通风换气，以确保菇房空气新鲜，CO_2浓度控制在0.1%以下。由于通风和保湿相矛盾，要求通风的同时，进行喷水加湿。

光线：白灵侧耳出菇阶段要求较强的散射光条件，以600～2 000勒克斯为宜。通过调节菇房的遮荫物，保证适宜的光照强度。菇房光线不足，易产生畸形菇，如菌柄细长、菌盖小等症状。

2. 成菇期管理　如果条件适宜，白灵侧耳从现蕾到子实体采收约需15天。此时管理的重点是调节好菇房湿度，如菇房温度较低，菌盖不易展开；菇房温度较高，菌盖变薄，影响美观。为了保证子实体正常生长，应保持菇房空气相对湿度。喷水时，不要喷到子实体上。在此阶段，光线可以稍强一些，但不能直射，加强通风换气，并调整好通风和保湿这对矛盾。

总之，在成菇期阶段，协调温度、湿度、光照、通风，创造白灵侧耳生长最适环境条件，以获得品质优良的子实体产品。

八、产品分级

当菌盖充分展开、边缘内卷，孢子未大量释放时采收。要轻采、轻拿、轻装，减少机械碰撞与损伤，用利刀削平菇柄，毛刷刷净菇体杂物，并剔除畸形、破损和带病虫的菇。要求菌盖完整，菌盖（手掌形）7～13厘米，菇色洁白，菌肉坚实，柄长不超过3厘米。一般每袋可产1个菇，每个菇的重量为150～250克。采收后要及时清理干净，防止污染。菇体洁白，肉厚，含水量较低，有利于运输。采收后应及时包装鲜销或加工处理。在正常温度下，从幼菇形成到成熟约需

15天。气温低,生长慢,但菇质密,质量好;气温高,生长快。

白灵菇采收后应进行产品分级包装,按照《白灵菇等级规格》NY／T1836-2010进行分级。为了保证菇盖美观不弄脏,采用白色吸水纸包装,每小箱5千克。将包装后的白灵侧耳推入专用冷藏间预冷。预冷的目的是使包装后塑料袋内中心鲜菇温度和预冷间温度基本一致。预冷时间不足,质量下降。经过预冷后包装箱在出货前再盖上盖板,封胶带。国内所有企业产品通过长途运输,由过路大巴捎带或者通过火车托运等方式直达对方批发商所在城市。

九、病虫害防控

白灵菇病虫害防治要贯彻"预防为主,综合防治"的植保方针。应把好菌种质量关,选用高抗、多抗的品种;搞好菇场环境卫生,使用前消毒灭菌,工具及时洗净消毒,废弃料应运至远离菇房的地方,培养料要求新鲜、无霉变,并进行彻底灭菌,创造适宜的生育环境条件;菇房放风口用防虫网封闭;对蕈蚊类虫害,利用电光灯、粘虫板进行诱杀。

菌丝培养初期,培养料发生杂菌感染,应拣出打碎,拌入新料,重新灭菌、接种;中期,培养料发生严重杂菌感染,要拿到远处烧毁;后期,培养料底部发生局部杂菌感染,可继续留用出菇;栽培袋棉塞发生红色链孢霉感染,应及时用湿毛巾覆盖后移出培养室,并进行烧毁处理;清除感病菌、床或菌块,带到室外深埋,并在感病区域及其周围喷洒50%多菌灵可湿性粉剂600倍液。

新疆青河人工栽培的阿魏蘑

出菇阶段,栽培袋出现局部杂菌感染,可用石灰抹涂感染部位,使之继续出菇;栽培袋杂菌感染较严重者,应取出烧毁,以免影响其他栽培袋;发现菇蝇时应加强菇房通风,降低菇房与培养料湿度,有条件的,门窗应加装防虫网,菇房内使用黑光灯诱杀。在栽培期间,不得向菇体喷洒任何化学药剂。

第三章

季节性栽培食用菌

第一节　双孢蘑菇

双孢蘑菇简称为蘑菇，又叫白蘑菇、洋蘑菇，隶属于伞菌目、伞菌科，蘑菇属，是世界上人工栽培最广泛、产量最高、消费量最大的食用菌，很多国家都有栽培，其中我国总产量占世界第二位，蘑菇罐头在我国食用菌国际贸易中占首位。进一步提高蘑菇的深加工产品和实现发展双孢蘑菇的工厂化栽培具有良好的市场前景。近年来，随着食用菌产业的快速发展，双孢蘑菇的产量也在逐年增加，成为许多地区农民增收的支柱产业。随着人民生活水平的提高，对蘑菇周年消费需求不断增加，双孢蘑菇的工厂化栽培也已开始实现。

一、生物学特性

双孢蘑菇的生活史分菌丝体阶段和子实体阶段，子实体也就是菇体，又可以分为原基期、菇蕾期、成熟期。

1.菇体生长过程

（1）菌丝体期：播种后，白色的菌丝慢慢地在培养料中蔓延生长，直至密布整个培养料，此阶段称为菌丝体期。

（2）原基期：菌丝体在覆土层中形成菌丝层后再扭结成米粒大小的白色原基，称为原基期，一般在覆土后15天左右出现。

（3）菇蕾期：原基继续长大，成为双孢蘑菇的形状，即为菇蕾期。一般原基形成后3天左右长成。

（4）成长期：从菇蕾形成到可以采收为成长期。温度高时生长快，温度低时生长缓慢。

菌丝定植

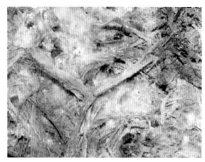

白色的菌丝在成长

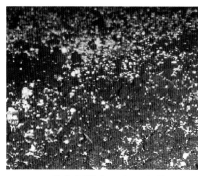

蘑菇原基在覆土面出现

原基放大图

2. 生长要求　双孢蘑菇属于中温品种，生长中需要多种营养、黑暗、恒定温度、较高湿度、充足的氧气和适宜的酸碱度等条件，我国各地均可以在菇房、菇棚或地下室内栽培双孢蘑菇。

（1）温度：菌丝生长温度范围在3～34℃，适温22～25℃。在

双孢蘑菇菇蕾

可采收的双孢蘑菇子实体

适温下菌丝生长浓密、粗壮。温度过高菌丝生长快，稀疏，细弱无力。28℃以上菌丝生长速度下降；低于15℃，生长缓慢。培养菌种的室温在18～20℃时，瓶内料温可达23℃，菌丝生长处于安全范围内。

子实体分化温度范围5～26℃，在这个范围内都可出菇。出菇期如遇连续几天23℃以上的高温，子实体就会死亡；在5℃以下，子实体停止生长。子实体生长的最适温度为14～17℃。适温下生长的子实体，菌柄粗壮，菇质肥厚，质量好，产量高。高于18℃时，子实体生长快，菌柄细长，皮薄易开伞，质量差。低于14℃时，子实体生长慢，产量低。

（2）水分：培养料适宜含水量为62%～63%，含水量过高，通气不良，培养料就会粘连，易长杂菌，菌丝易死亡；水分偏低时，培养料过干，菌丝难以定植，生长缓慢甚至停止生长。

菌丝生长阶段要求菇房空气相对湿度70%。子实体分化形成时期要求粗土含水量16%，细土含水量18%，空气相对湿度90%。出菇阶段，当子实体长到黄豆大小时，覆土层含水量要求达到饱和状态。湿度过低，子实体生长缓慢，有鳞片，易空心；湿度过高，菌盖上长期留有水滴，易引起细菌性斑点病蔓延，产生锈斑、红根。空气湿度过低如达50%时，小菇蕾枯死，出菇停止。

（3）空气：菌丝生长阶段，菇房空气中适宜的二氧化碳浓度为0.1%～0.5%，不能超过2%。出菇阶段，原基形成和菇蕾长大，二氧化碳最适浓度是0.03%～0.1%。子实体形成期，0.1%以上的二氧化碳浓度对子实体有毒害作用；二氧化碳浓度达1%时，易出现畸形菇，子实体菌盖小，菇柄细长，易于开伞；二氧化碳含量达5%时，停止出菇。

双孢蘑菇对氧气的需求，由少到多。播种初期，菌丝生长量少，积累二氧化碳较少，通风量可以少些。出菇阶段，菌丝量增多，氧气消耗量增加，通风量要适当增加，每天通风换气3次，每次30分钟左右，使培养室每个角落都有新鲜空气。

（4）光照：双孢蘑菇在菌丝体和子实体生长阶段都不需要光线。在完全黑暗的环境条件下长出的子实体，颜色洁白，菇形圆整；光线过亮或直射光太强,会使菇体表面泛黄、褐变,菌柄细长,菌盖歪斜,品质下降。

(5)酸碱度:蘑菇菌丝体在pH5～8之间都可以生长,最适酸碱度为pH6.8～7。偏碱性的培养料对菌丝生长有利,并可抑制杂菌生长,因此播种时培养料酸碱度应调节到pH7.5～8,覆土层的酸碱度调节在pH7.5～8之间。出菇阶段pH值降至6.5左右,如果偏酸,可用石灰乳喷洒调节;亦可在配制培养基时添加0.2%的磷酸二氢钾加少许碳酸钙,对培养基的酸碱度起缓冲和中和作用。

(6)营养:双孢蘑菇是食用菌中典型的草腐菌,因此禾本科秸秆中的稻草、麦草、玉米秸等的纤维素、半纤维素为蘑菇提供碳源;猪、牛等畜禽粪为菌丝生长提供丰富的碳源和氮源营养;尿素、复合肥等化学性氮肥为发酵期间的产热放线菌提供氮源,而放线菌菌体又为蘑菇菌丝提供了优质的氮源营养;磷、钾肥和微量元素也是蘑菇生长的必要营养。具体的营养配比可见生产配方。

稻草贮备

麦草贮备

菜籽饼

牛粪

二、主要栽培品种

蘑菇品种按菌丝生长类型可以分为匍匐型、气生型、半气生型3种类型。生产上栽培的双孢蘑菇品种主要有AS 2796，近年来，有部分新品种逐渐丰富了市场，如W2000、W192、棕色蘑菇等。

1. AS2796 该菌株是福建轻工研究所以单孢杂交培育出的高产菌株，是我国蘑菇生产重点推广品种。菌丝在PDA培养基上呈半气生型，菌落表面白色，背面白、无分泌色素，基内和气生菌丝均很发达，生长速度中等偏快，一般不结菌被。菌丝较耐肥、耐重水和较高温度，菌丝爬土能力中等偏强，扭结力强，成菇率高。菌丝最适生长温度24～28℃，子实体最适温度14～20℃，菇体大朵、圆整、结实、菌盖肥厚、圆整无鳞片、柄粗短、无脱柄现象。菌褶紧密，组织结实。该菌株要求投料量足和高含氮量，在铺薄料和含氮量低时，产量低且易产生薄皮菇和早开伞现象。菌株抗逆性强，适应性广，子实体质量优良，产量较高且稳定，适于鲜销和加工制罐。适用于粪草发酵料栽培，适宜栽培条件下单位面积产量高达20千克/米^2。

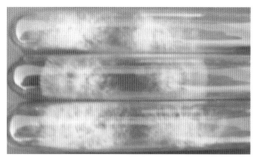
AS2796母种菌丝体

AS2796子实体

2. W2000 福建省农业科学院食用菌研究所杂交培育的新菌株。W2000在PDA中菌丝生长最适温度24～28℃，保藏温度2～4℃，菌丝生长速度16～18天长满直径9厘米培养皿。菌落形态特征为中间贴生、外部气生，菌丝致密度中等，气生菌丝发达程度中等，菌落表面颜色为白色；菌落背面颜色为白色，无分泌色素；生长温度范围10～32℃，耐最高温度34℃（12小时/天）。子实体发生方式为单生；子实体致密，商品期外形为半球形，菌盖形状扁半球形，直径（30～55毫米）、厚度18～30毫米、白色、光滑。菌柄形状白色、圆柱形，长度15～20毫米，直径13～16毫米，肉质，中生，无绒毛和鳞片。

W2000适用于经二次发酵的粪草料栽培，耐肥、耐水、耐高温，要求每平方米投料量30～35千克，C：N约28～30：1，含氮量1.6%～1.8%，含水量65%～70%，pH 7左右，正常管理的喷水量不少于As2796。菌种播种后萌发力强，菌丝吃料速度偏快，生长强壮有力，抗逆性较强，尤为耐高温。菌丝爬土速度中等偏快，扭结能力强，出菇

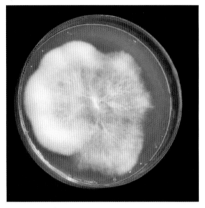

W2000菌丝

较快，转潮较明显。W2000适合全国各蘑菇主产区主栽品种，南方平原区域在秋、冬与春季栽培，北方为秋、春栽培，高寒区域可夏秋栽培。发菌培养料适宜温度为24～28℃，含水量65%～70%，pH6.5～7.0。发菌期菇房温度控制在20～24℃，相对湿度85%～90%，二氧化碳浓度控制在2 000毫克/千克以下，培养料走菌时间18～20天。培养料长满菌丝，需要覆土，覆土材料主要为稻田土、菜园土及草炭土等，覆土厚度4厘米左右，原基形成不需要温差刺激。栽培中菌丝体可耐受的最高温度为34℃，子实体可耐受

W2000子实体

的最高温度为22℃。子实体生长的适宜条件：温度16～20℃、湿度90%～95%、pH 6.0～6.5。子实体对二氧化碳较敏感，二氧化碳浓度应控制在800毫克/千克以下，对光不敏感，不需要光刺激。菇潮较明显，间隔期3～4天。出菇菌龄为播种到出菇35～40天。在适宜的栽培条件下单位面积产量达9～11千克/米²。

注意事项：

（1）该菌株适用于二次发酵制备的培养料进行栽培，较耐肥，要求投料量足，每平方米不少于30千克，含氮量应达1.6%以上，薄料或含氮量不足会引起产量和质量下降、出小菇或薄菇。

（2）该菌株生长温度广，耐高温，子实体在22℃持续高温3～4天仍正常生长，不易死菇。

（3）该菌株比较耐水，培养料含水量65%～70%为宜，出菇期间需水量与As2796菌株相似。

（4）该菌株子实体要适时采收，一般在菇体直径3～5厘米时采摘，不要留大菇，形成边采收、边扭结、边生长，有利于提高产量和质量。

（5）该菌株菇质比较结实，不易开伞，适合进行罐头加工及超市保鲜销售。鲜菇的贮存温度2～4℃，耐贮藏性中等，滑、嫩、带有蘑菇特殊风味的清香。

3.W192　由福建省农业科学院食用菌研究所培育的杂交新菌株。PDA中，生长最适温度4～28℃，保藏温度2～4℃；菌丝生长速度18～20天长满直径9厘米培养皿；菌落贴生、平整；菌丝致密度中等；气生菌丝发达程度少；菌落表面颜色为乳白色；菌落背面颜色为乳白色，无色素分泌；生长温度范围10～32℃；耐最高温度34℃（12小时/天）；子实体发生方式为单生，商品期为半球形，致密；菌盖形状扁半球形、直径30～50毫米，厚度15～25毫米，白色，光滑。菌

W192子实体外观

柄白色，圆柱形，长度15～20
毫米，直径12～15毫米，肉质，
中生，无绒毛和鳞片。

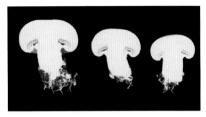

W192子实体剖面

W192适用于经二次发酵的
粪草料栽培，表现出耐肥、耐水
和耐高温的特点，要求每平方米
投料量30～35千克，C∶N约
28～30∶1，含氮量1.6%～1.8%，
含水量65%～70%，pH7左右，
正常管理的喷水量不少于As2796。
菌种播种后萌发力强，菌丝吃料
速度中等偏快，生长强壮有力，
抗逆性较强，尤为耐高温。菌丝
爬土速度偏快，扭结能力强，出
菇快，开采时间比As2796早2天
左右，转潮明显。

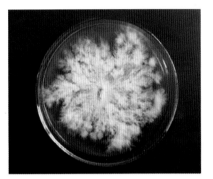

W192菌丝形状

W192适合全国各蘑菇主产
区的主栽品种，南方平原区域在秋、冬与春季栽培，北方为秋、春
栽培，高寒区域可夏秋栽培。

发菌的培养料适宜温度24～28℃，含水量65%～70%，pH
6.5～7.0。发菌期的菇房温度控制在20～24℃，相对湿度85%～90%，
二氧化碳浓度控制在2 000毫克/千克以下，培养料走菌时间18～20
天。培养料长满菌丝，需要覆土，覆土材料主要为稻田土、菜园土及
草炭土等，覆土厚度4厘米左右，原基形成不需要温差刺激。栽培中
菌丝体可耐受的最高温度为34℃，子实体可耐受的最高温度为22℃。
子实体生长温度16～20℃，湿度90%～95%，pH 6.0～6.5。子实
体对二氧化碳较敏感，二氧化碳浓度应控制在800毫克/千克以下，对
光不敏感，不需要光刺激。菇潮明显，间隔期3～5天。播种到出菇
35～38天。在适宜的栽培条件下单位面积产量10～12千克/米^2。

注意事项：

（1）该菌株适用于二次发酵制备的培养料进行栽培，较耐肥，

因此要求投料量足，每平方米不少于30千克，含氮量应达1.6%以上，薄料或含氮量不足会引起产量、质量下降，出小菇或薄菇。

（2）该菌株生长温度广，耐高温，子实体在22℃温度持续高温3～4天仍正常生长，不易死菇。

（3）该菌株比较耐水，料含水量65%～70%为宜，出菇期间需水量与As2796菌株相似。

（4）该菌株爬土能力强，扭结快，成活率高，因此覆土后要注意观察菌丝爬土情况，控制喷结菇水时期、通风强度，使菌丝体在离土表0.5～1.0厘米处扭结成菇，并适当控制扭结密度，有利于减少球菇，提高成菇率，增加单生菇。

（5）该菌株子实体要适时采收，一般在菇体直径2.5～4厘米时采摘，不要留大菇，形成边采收、边扭结、边生长，有利于提高产量和质量。

（6）该菌株前4潮产量较集中，转潮快，比较适合工厂化栽培。鲜菇的贮存温度2～4℃，较耐贮藏，滑嫩、带有蘑菇特殊风味的清香。

4. 苏棕蘑5号　江苏省农业科学院系统选育成。也称棕色蘑菇。

PDA中，菌丝生长最适温度4～28℃，保藏温度2～4℃，菌丝生长速度18～20天长满直径9厘米培养皿；菌落贴生、平整；菌丝致密度较稀；气生菌丝较少；菌落表面颜色为白色；菌落背面颜色为白色，无色素分泌；生长温度范围6～30℃；耐最高温度32℃（12小时/天）；子实体发生方式为单生或丛生，商品期为球盖形；菌盖棕褐色、菌肉白色、光滑。菌柄白色，圆柱形，长度20～40毫米，直径12～30毫米，肉质，中生，有时有鳞片。

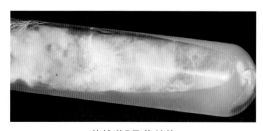

苏棕蘑5号菌丝体

苏棕蘑5号子实体

苏棕蘑5号适用于经二次发酵的粪草料栽培，表现出耐肥、耐水和耐低温的特点，要求每平方米投料量35～40千克，C：N约28～30：1，含氮量1.6%～1.8%，含水量65%～70%，pH7左右，正常管理的喷水量不少于As2796。菌种播种后萌发力强，菌丝吃料速度中等偏快，生长强壮有力，抗逆性较强，尤为耐低温，高抗湿泡病。菌丝爬土速度较快，扭结能力强，出菇快，转潮不很明显。

苏棕蘑5号适合全国各蘑菇主产区栽培，南方平原区域秋、冬栽培，北方秋、春栽培。

发菌的培养料适宜温度为20～25℃，含水量65%～70%，pH值范围6.5～7.0。发菌期的菇房温度控制在20～24℃，相对湿度85%～90%，二氧化碳浓度控制在2000毫克/千克以下，培养料走菌时间18～20天。培养料长满菌丝需要覆土，覆土材料主要为稻田土、菜园土及草炭土等，覆土厚度为4厘米左右，原基形成不需要温差刺激。栽培中菌丝体可耐受的最高温度为30℃，子实体可耐受的最高温度为22℃。子实体生长温度6～23℃，湿度90%～95%，pH 6.0～6.5。子实体对二氧化碳较敏感，二氧化碳浓度应控制在600毫克/千克以下，对光不敏感，不需要光刺激。菇潮不明显。播种到出菇35～40天。在适宜的栽培条件下单位面积产量10～12千克/米^2。

注意事项：

（1）该菌株适用于二次发酵制备的培养料进行栽培，较耐肥，因此要求投料量足，每平方米不少于35千克，含氮量应达1.6%以上，薄料或含氮量不足会引起产量质量下降、出小菇或薄菇。

（2）该菌株生长耐低温，子实体在6℃温度持续3～4天仍生长，低温下不易死菇。

（3）该菌株比较耐水，培养料含水量65%～70%为宜，出菇期间需水量与As2796菌株相似。

（4）该菌株爬土能力强，扭结快，成活率高，因此覆土后要注意观察菌丝爬土情况，控制喷结菇水时期、通风强度，使菌丝体在离土表0.5～1.0厘米处扭结成菇，有利于减少球菇，提高成菇率，增加单生菇。

（5）该菌株子实体要适时采收，一般在菇体直径2.5～4厘米时采摘，不要留大菇，形成边采收边扭结边生长，有利于提高产量和质量。

（6）该菌株前4潮产量较集中，比较适合工厂化栽培。鲜菇的贮存温度2～4℃；较耐贮藏；滑嫩、带有蘑菇特殊风味的清香。

三、菇房建造与设施配置

1.生产场所选择 生产场所应选择交通便利、周围1千米范围内无化工生产区、畜禽养殖场、排污口等污染源，水源清洁、场地较高易于通风和排水的地方。

2.栽培季节选择 双孢蘑菇一般为秋季栽培，经过秋菇、越冬、春菇管理完成一个栽培周期。自然条件下栽培一般安排在秋季播种，因为秋季由高到低的气温递变规律与双孢蘑菇对温度的反应规律相对一致。长江以北一般在8～9月播种为宜，长江以南一般以9～10月为宜，到翌年春天5月份出菇结束。

3.栽培菇房种类 双孢蘑菇栽培房有多种形式，按区域划分有6种以上，如南方以砖混菇房和毛竹架构大棚为主，中部地区以钢构大棚、砖混菇房为主，北部地区以日光温室和半地下棚室为主，西北地区则在地下棚室栽培，工厂化栽培则用保温性的板房可在全国各地栽培。

（1）毛竹高架棚：毛竹大棚造价比较低，占地较少利用面积较大，毛竹框架结构以占地600米^{2}面积上搭建具7层栽培架，栽培面积

毛竹大棚结构

达1 000米²，大棚外覆一层塑料农膜，在四周覆盖一层草帘。大棚使用年限在5年左右，使用3年后就需维修更换部分材料，竹层架易霉变腐烂，病虫不易清除，登高作业也不安全，因此毛竹大棚已逐渐被钢构大棚取代。

毛竹大棚外形

（2）林地小竹棚：在人工造林的树林，树木在生长，三年后形成林荫，一般绿色植物难以生长，为蘑菇栽培提供了良好的生长环境：秋天的树林为蘑菇遮阳降温，冬天树叶落了日光又能为菇棚增温，延长冬季蘑菇生长期。林地栽培由于是直接在地面栽培，土传病虫害较严重，现一般以一地栽培一个周期，经过3年的间隔期后又可在同一林地栽培。

林地内小棚

林地栽培蘑菇

（3）钢构大棚：钢构大棚栽培蘑菇多在中北部区域使用，随着栽培设施的提升近年来以中大型的大棚栽培食用菌，大棚规格多以8米（宽）×30 ～ 40米（长）×3.5米（高）标准棚为主，该棚具有通气、整洁、可安层架、利用率高、易于操作等优点，但是一次性投资成本较高。

为了控制病虫为害，可先在框架上覆盖一层60目的防虫网，入门处安装缓冲间。为提高大棚的遮阴和通气效果，可在大棚上方再架空遮盖一层遮阳网，以加强夏日降温和遮光效果。也可在夏日掀去大棚薄膜，进一步增加降温和通气效果，在气温下降时再覆盖薄膜保温。

单栋联排大棚

大棚入口处

(4) 日光温室：在长江以北区域，冬季日光充足、雨水偏少，采用日光温室栽培能有效提高冬季的温度，棚内温度能保持在12℃以上，使冬季蘑菇持续生长，打破休眠期，缩短中北部地区蘑菇生长期，整体提高蘑菇的经济效益。目前栽培蘑菇的日光温室均以栽培蔬菜的温室为标准，内设栽培层架4～5层，播种期在10月初，12月份出菇，至4月份结束，栽培期结束可掀去顶层薄膜晒棚，起到很好的消毒作用。

日光温室外形

温室内层架排列

(5) 砖混菇房：砖混结构蘑菇房始于南方，其他地区也引进利用。这种菇房到了长江以北区域，冬季气温下降快，12月初菇房温度下降至12℃以下，蘑菇停止生长，直到4月份温度上升后才开始长春菇，冬季休眠期长达4个月。砖混结构蘑菇房牢固耐用，便于清洗和消毒，便于二次发酵操作。建造规格约40米×7～9米×5米，过宽通风不良，影响蘑菇生长，菇房中设立了许多小窗，用于通风，但为防止虫害，覆盖防虫网带来了困难。

林地内的砖混菇房　　　　　　　　菇房内的层架

（6）地下棚室：在西北部地区，常年缺水干旱，地上部菇房不易保水，换至地下室栽培，易于保水、保温和遮阳，在夏天地面温度高达30℃以上时，棚内温度只有15℃左右，双孢蘑菇能在地下菇房内正常生长。

戈壁滩上的地下菇房　　　　　　　菇房内的层架

（7）菇菜复合棚室：在中北部平原地区，冬季日光充足，利用日光温室聚热升温的优点，将日光温室与蘑菇结合为一体，以联建的方式组合成菇菜复合棚室。菇菜复合棚有着许多特点，首先在冬季低温期温室内的温度随着空气流通沿菇房的门窗进入菇房内，可提高菇房内温度5℃左右，有效地延长了冬季的出菇期，同时，随空气进入菇房的还有湿气和蔬菜光合作用所产生的氧气，而菇房内循环出来的二氧化碳则成为蔬菜所需要的气体肥料；在夏季温室掀膜后可在地面种植丝瓜等爬藤类蔬菜，以此为菇房降温增湿，菇房内可种植中高温品种，如平菇、秀珍菇、茶树菇或高温蘑菇等品种。温室也可常年种植多种蔬菜，达到菇菜同步、高产增效的目地。这种光温转换、氧碳互补的循环和环保农业生产方式很快得到了本行业的认可和学习。在经济条件比较差的菇房，也可在菇房的南边搭建一个较简易的三角形薄膜棚，用于吸热增温，提高菇房内的温度。建造菇菜复合棚时应注意几点要求：①菇房高度应有4米高度，温室搭建在菇房的房檐上，房檐上设有排水槽；②菇房长度不宜超过40米，过长不利于菇房通气换气；③温室薄膜与菇房房檐应紧密接触，防止气流窜入大棚引起鼓风掀膜或将薄膜撕裂，影响保温效果。

菇菜复合棚

(8) 工厂化蘑菇房：蘑菇工厂化栽培是今后发展的方向，近年来全国各地都在掀起蘑菇工厂化栽培的热潮。我国蘑菇工厂栽培将由局部机械化向整体工厂化运作迈进，在近阶段重点建设栽培料工业化制做遂道，解决人工培养料制作劳动强度大的难题。

工厂化蘑菇房

四、营养特性与原料选择

1. 营养特性 双孢蘑菇是典型的草腐菌类品种，因此宜选择禾本科的草料为主，如稻草、麦草、玉米秸秆等原料，这些原料中的纤维素、半纤维素为蘑菇提供碳源；猪、牛等畜禽粪为菌丝生长提供碳源和氮源营养；尿素、硫酸铵等化学氮肥为培养料发酵期间的产热放线菌提供氮源，放线菌菌体又为蘑菇菌丝提供了优质的氮源；磷、钾肥和微量元素也是蘑菇生长的必要营养。

2. 培养料配方组成 蘑菇培养料的质量直接关系到生产的成败和产量的高低，从堆肥原料组成情况来看，可分为粪草型和合成型2个种类。现介绍几种适合我国资源特点的培养料组合（以100米^{2}面积计算）。

稻草1 000千克，麦草1 000千克，鸡粪1 000千克，菜籽饼200千克，过磷酸钙40千克，石膏60千克，石灰90千克；

稻草1 500千克，干牛粪1500千克、过磷酸钙30千克、尿素20千克，石膏60千克，石灰90千克；

稻草或麦草3 000千克，菜籽饼250千克，黄豆粉50千克，石膏60千克，石灰90千克；

铡断的稻草或麦草2 000千克，金针菇或杏鲍菇菌渣2 000千克，尿素20千克，石膏60千克，石灰90千克；

金针菇或杏鲍菇菌渣2 000千克，牛粪2 000千克，尿素20千克，石膏60千克，石灰90千克。

五、培养料发酵工艺

（一）培养料一次发酵（室外发酵）

1. 建堆时间 建堆时间依各地自然气候、栽培方式、出菇时间的温度而定。我国从北到南的栽培区域，堆料时间从3月到11月不等，如福建漳州主产区在10月份建堆发酵；江苏、河南、山东等地在7～9建堆，北京在7～8月建堆。

2. 堆料制作 堆料场地应选地势较高、靠近菇房、水源较近的地方。将场地整平，开好排水沟，料堆呈南北走向，使日照均匀照射整座料堆，有利于堆料中温度平衡发酵。如用麦草栽培，在建堆前做好预建堆工作，先将麦草用3%石灰水淋透堆放7～10天，让其发酵，去除麦草表层蜡质，以便建堆时营养更好地吸收和转化；稻草质地柔软，建堆前3～5天预建堆即可；干粪要用清水淋湿后经过7～10天发酵处理，能增加畜粪中分解纤维微生物的数量；菜籽饼也需预先粉碎。建堆时，先在地面铺一层宽2米、厚20厘米的稻草，适量浇水，踏实，至有少量水冒出为度，然后在草上铺5～6厘米厚畜粪或均匀撒入菜籽饼，并将料面适当整平。如此分层加草、加粪和铺料，每铺一层稻草后，都要适当浇一次清水，料堆高达1.5米为止，堆宽通常为1.5～2米，大约有15层料，长度视场地而定。料堆

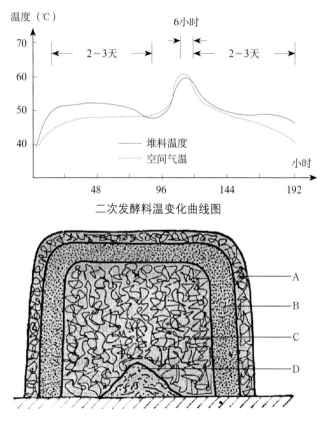

二次发酵料温变化曲线图

A.冷却层　B.放线菌活跃层　C.最适发酵层　D.厌氧层

料堆横切面示意图

建堆前用水预湿稻草 一次建堆

的四周基本垂直，顶呈龟背形，如遇大雨，应加草帘或塑料薄膜。一般每100米²菇床所需培养料，堆肥体积约宽2米，高1.5米，长11.5米。

3. 翻堆操作 建堆后第二天堆温开始上升，料堆顶上冒出水蒸气，第5天温堆达到最高点（65～75℃），料温一般可维持4～5天后开始下降，当堆温开始下降时，要及时进行翻堆，调整水分，补充养料，有利于好气性微生物繁殖，促使培养料发酵均匀。培养料从建堆到进菇房第二次发酵之前，一般翻堆4次，从第1次至第4次翻堆，每次翻堆间隔时间通常为7—6—5—4天。在培养料的堆制过程中，培养料的水分要先湿后干，堆的形状要先大后小，翻堆间隔时间要先长后短，遵循这一原则，堆温可长期维持在50℃以上。翻堆时添加矿质肥料要注意先后次序，石膏粉和过磷酸钙能改善培养料的结构，并能加速有机质的分解，故宜早施，可在第1次翻堆时施入。尿素要在前期分批加入，因为堆肥内的分解同化过程是逐步进行的，如一次全部加入，不能充分利用，容易造成流失或因反硝化作用而损失，宜将尿素分2次，在建堆和第1次翻堆时加入，不能迟于第2次翻堆时间，否则吸收不彻底会产生许多游离氨，对蘑菇菌丝有杀伤作用。石灰一般在第1次建堆时加入，或视培养料的酸碱度情况分别加入。稻草茎软腐熟快，麦草质地较硬，两种秸秆合堆可以达到优势互补的效果。翻堆时将料底部及四周外层料翻入新料堆的中间，将料中间发酵好的料翻到外层，使整个料堆发酵均匀一致，同时翻堆时应抖松料块，排出料中废气。

第一次翻堆

第一次翻堆的培养料

第二次翻堆

粪草料机械翻堆

菌渣废料培养料机械建堆和翻堆

（二）发酵料进房

培养料进房前一天，在堆肥表面喷施500倍菇净溶液，用薄膜覆盖12小时。培养料进房前要检查发酵料的含水量，以手捏料有1～2滴水珠往下滴为适宜水分，水少时应在料中补些水，并在菇房升温时在料中喷雾水，地面也洒水以增加空气湿度。培养料进床时应集中劳力，突击上床，先铺下层，再铺上层。培养料尽可能集中堆放

（厚50～60厘米），以便维持一定料温（50～65℃）进行后发酵处理，料进完后关闭菇房门窗,密闭48小时让料继续升温，这时料内所有的虫子会爬出料面透气，利用这个时机升温可有效杀灭害虫。

（三）培养料二次发酵

二次发酵是蘑菇高产栽培中培养料堆制中不可缺少的技术环节。采用后发酵技术是将蘑菇培养料堆制分为2个阶段：第一阶段堆制在室外，称"前发酵"，堆制时间短，料堆发酵不均衡；第二阶段也称"后发酵"或"巴氏消毒"。

即45～55℃维持2～3天,再升温至56～62℃维持6～10小时,这时降温到45～55℃维持3～4天，整个二次发酵过程结束。在二次发酵期间菇房每天要小通风1～2次，培养料通过后发酵处理，高温性放线菌等有益微生物得到充分繁殖，形成大量菌体蛋白及各种维生素和氨基酸，供蘑菇菌丝吸收利用，并能杀灭有害微生物和残存在培养料中的幼虫和虫卵，减少病虫为害。经升温处理，培养料的游离氨被蒸发，避免了播种后氨对菌丝的抑制作用，有利于蘑菇菌丝快速定植，能显示出增产效应，一般可增产20%～30%，也使蘑菇的品质得以进一步提高，经济效益得到充分的体现。

（四）二次发酵注意事项

采用室内升温进行后发酵,菇房不宜过大,以60～100米^{2}为宜，菇房要具备一定的密封条件。前发酵按常规堆制，翻堆4次，所有辅料在第1～2次翻堆时加入，前发酵时间视料的发酵程度控制17～21天，后发酵采用汽油桶或小锅炉以蒸气方式加温，加温前培养料含水量需调到65%～70%。将门、窗、屋顶缝隙全部密封，培养料进房要快，集中堆放在菇房床架的中间三层，因顶部床架后发酵料被水蒸气的冷凝水淋湿、底层温度偏低、发酵不彻底等原因，上部和下一层架不投料，只在发酵结束后再排料。进料宜选择在晴天运作，下雨时料易受潮而影响质量。在南方地区多用废汽油桶装水横卧室外灶上，烧煤或柴，发生蒸气用导管进入室内。每100米^{2}用油桶2～3只，此法升温快，受热均匀，但耗能大。近年来已改用小锅炉加温产生蒸气，此法热能利用率高，操作方便，也更加安全。

后发酵的关键技术在于温度的控制，温度控制可分为3个阶段进行：一是自然升温期，即从常温开始加温至45～55℃维持2～3天。二是持温期，又称控温发酵期，升温至56～62℃维持6～10小时。是发酵主要阶段，其目的是为喜温细菌、放线菌、喜温霉菌创造适宜的生长环境，促使大量繁殖。三是降温期，视料的生熟度及有益微生物生长情况而开始降温，即降温到45～55℃维持3～4天，料偏熟的保持2～3天，料偏生的保持4～7天。待温度降至45℃时，开门窗通风，料温降至30℃以下，抑制这些有益微生物过度生长。

采用二次发酵工艺时，在加温期应注意定时通风换气，每隔6～8小时通风一次，每次4～5分钟。在控温期要加入一定新鲜空气，防止出现厌氧发酵，后发酵的培养料进房时水分应比播种时高10%～15%，在70%～75%之间。如含水量不足，在点火升温前用pH8～9的石灰澄清水喷雾调整。后发酵结束，要检查培养料含水量，如含水量不足，用石灰澄清水调至60%～62%。

发酵适度基质特征：①草、粪色泽由金黄色或黄绿色变成棕褐色（或咖啡色），不呈黑色，无粪臭，无酸败或霉味，略有面包的甜香味。②草茎变得柔软、疏松、富有弹性。有一定韧性，不是一拉就断，用手握培养料，松手后能自然松散，茎草能保持一定外观，并具有较强的保水能力。③在最后一次翻堆后的第五天，堆肥仍能维持在50℃以上，但不超过60℃。④料堆的体积比原来缩小40%左右，重量减轻30%左右，含水量60%左右，手捏时指缝间没有水滴出现，pH6.8～7.0，含氮量1.8%左右，嗅不出氨的气味，C/N比值17～20∶1。⑤含有大量有益微生物，如放线菌、腐殖霉菌等，无害虫、杂菌和超剂量的污染物质。

将培养料搬运进菇房

汽油桶作为蒸气源二次发酵装置

所有的培养料必须经过堆制发酵才能被双孢蘑菇的菌丝利用。我国农民种植多为人工建堆发酵，现已有些企业借鉴欧美国家的蘑菇技术，进行机械运输和翻堆，进行隧道式发酵，达到发本地料的良好标准。

小型常压蒸气炉作为蒸气源二次发酵　　　　　优质的培养料

六、播种发菌

二次后发酵结束后及时进行翻料，彻底翻动整个料层，抖松料块，散尽有害气体，同时拣出较大粪块和生粪块，如料中草多粪少，偏熟，可抖松些。检查培养料含水量，如果过干需要喷淡石灰水调节，如果过湿则需要彻底翻料一次，抖松料层，同时加大通风，散发多余水分，最后将料面整理平整，当料温下降到28℃时，即可进行播种。如培养料继续发酵产热，温度超过30℃，可再翻一次料散热，或适当推迟播种时间。播种时，将菌种瓶用70%酒精溶液擦洗，挖出的菌种放在干净的盆内。一般采用撒播方式，每平方米用750克菌种1.5瓶。第一次播2/3种，轻拍料面，待种粒落到料层时再播1/3的种子留在料面，以利料面发菌。播种后1～3天内，一般不要打开门窗通风，使菇房保持一定湿度，促进菌种萌发。密闭条件较差的菇房，可用石灰清水喷湿的报纸盖在料面保湿。

1.菌种质量要求　首先选择适合市场需求的高产优质品种，菌种质量要求菌龄适宜、无杂菌和虫卵，菌丝洁白、整齐、健壮、无黄水和异味。菌种从菌种瓶内挖出或者破瓶取出后放入干净的盆（桶）内，轻轻搓碎成小颗粒状，随即播种。

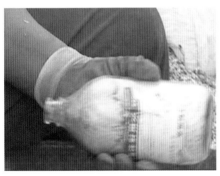
400克装麦粒种

播种前准备

种子播在料面上

播种后的料面

2.发菌期管理　整个发菌过程以控温、保湿、调气为管理中心。播种后菌种萌发定植期应关菇房门窗，保持空气和料面和湿度，将温度控制在20～28℃，播种3～5天后开始局部通风换气，温度超过28℃时要加强通风，必要时用电风扇强制通风。空气湿度低于65%时需要在料面喷少量石灰水或在地面洒水。

菌丝在培养料中蔓延生长

菌种萌发点

培养料上长满菌丝

七、覆盖材料与覆土处理

1. 覆土时间 双孢蘑菇菌丝发到培养料厚度的2/3处以后方可覆土，覆土前保持料面干爽、平整、菌丝健壮，检测料中是否有杂菌和害虫，特别是胡桃肉状菌，一旦发现，必须及时采取挖除处理。

2. 覆土材料种类 要求持水性好、结构疏松、无虫卵和杂菌、稳定良好的具有团粒结构性的土壤。南方地区大多采用砻糠（5%～10%）

拌土的混合料，如果土质较黏时加大砻糠的比例，反之减少；北方地区大多用泥炭土覆盖，也可按体积泥炭（草炭）土30%～50%、田土70%～50%掺合使用。江浙水域多使用河泥砻糠土覆盖料面。

3.覆土材料制作　覆土材料多选用水田土，选取远离蘑菇栽培地的田土，挖取土表0.3米以下无杂物的土层，将土打碎成0.2～1厘米大小的细土粒，在覆土前5天用5%的福尔马林喷雾后用薄膜覆盖，密封消毒。覆土前揭开通风拌入3%石灰；用砻糠为覆土材料时需提前2天称取干燥新鲜的砻糠，用5%的石灰水浸泡预湿，再与细土混合均匀，调节酸碱度至pH 7.2～7.5，即可进行覆土。

在覆土前仔细观察菇床上菌丝发菌状况，如出现病虫害要及时防治，可在覆土前3天在培养料上结合补水喷施杀虫剂或消毒剂，待病虫控制后方可覆土。覆土时将土壤轻撒于料面，覆土层厚度为3厘米左右，料面厚薄均匀平整。

挖取地下土

从加拿大进口的草炭土

在土中加入3%的石灰

土壤消毒

砻糠与土混合的覆土材料　　　　　　　正在覆土

正在覆土　　　　　　　覆土结束的菇床

八、出菇管理

1. 秋菇管理　覆土的材料处于半干半湿状态，覆土结束后应及时浇水，浇水量以少量多次为原则，每次每平方米浇水500克，连续浇水3天后土壤潮湿，但土面不板结、土粒完整、菌丝体表面不积水，即达到要求，注意在温度高于25℃时禁止调水，否则会发生菌丝萎缩退菌和产生杂菌的现象，调水后应继续通风2～3天，然后逐渐减少通风量，保持土壤湿度。浇水10天后土粒间长出大量绒毛状菌丝，并有米粒大小原基出现，这时开始喷出菇水，每平方米喷水1千克，连喷3天，加大通风量。当原基生长至黄豆大小时，及时喷出菇水，每平方米1千克，接下来每天喷水2次，每次0.5千克。

喷水时和喷水后应开门窗通风，通常前三潮菇按一潮菇两次重水的方法管理。

双孢蘑菇生长最适温度是16～20℃，出菇期空气相对湿度90%左右，保持菇房空气新鲜，每次喷水都不能在料面形成积水，每天在地面浇水2次，最大限度地满足蘑菇生长对温度、湿度、氧气的需求。

出菇期一般每天喷水2次，菇房湿度达85%～90%，喷水量以菇床上第一批菇能产多少重量的菇就喷多少水。

采取一潮菇喷一次结菇水的方法，尽量避免生长期喷水，如果子实体生长期干燥，应选择有风的天气，在菇房内空气流通的条件下进行喷水，喷水后加大通风，尽快将蘑菇表面水渍吹干。每潮菇采收结束后停水，然后进行通风，使新萌发的菌丝变粗，随后喷一次重水，促进下一潮菇形成。

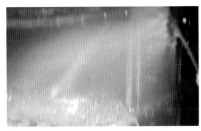

喷　水

覆土后菌丝走上土面

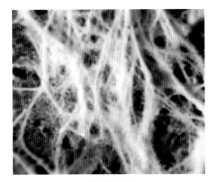

菌丝扭结

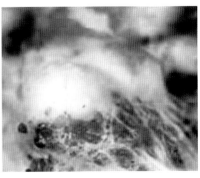

原基形成

床面密布着原基

原基继续长大

第一潮菇密布于料面

地栽蘑菇成熟期

2.菌床越冬 冬季气温降低，保温性强的菇房可继续出菇，但出菇量减少，菇体大朵。当温度下降至12℃以下时床面停止出菇，菌丝进入休眠时期。这时应关闭门窗，使室温保持在0℃以上。

3.春菇管理 翌年3月中旬以后气温回升，蘑菇又进入了春季出菇阶段。加强春菇管理，可使产量收到全期的30%。经冬季长时间的干燥后，菇床缺水多，因此春菇的补水和调水管理就特别重要，春菇调水总的原则是"3月稳，4月准，5月狠"。3月份调水时可先喷pH8～9的石灰清水3～4次，增加土层的碱性。每隔1～2天喷水1次，每次喷水200克/米^2，使细土能捏得扁，搓得碎，土层含水量达78%。随着气温逐渐升高，蘑菇大批出土，这时需增加水量，要达到秋菇旺产期相同的土层湿度。一般每天喷500克/米^2，保持细土搓得圆、捏扁有裂口。5月份气温较高，床面耗水量多，此时土层湿度调到比秋菇旺产期稍大，每天喷水500～700克/米^2，使细土稍黏手，促使能结菇的土层菌丝加速结菇。出菇期间要向菇房空间喷雾，增加空气相对湿度。

蘑菇栽培后的菌渣废料是一种良好的有机肥料，可用于育苗、蔬菜、大田有机基质和肥料原料。

春菇开始长出

九、产品保鲜

我国消费者多喜欢食用新鲜的双孢蘑菇，但是双孢菇以白色品种为主，采摘后易受空气氧化和多酚氧化酶的作用转变为褐色，色彩暗淡后外观受影响；温度也是影响蘑菇保鲜的重要因素，温度越高蘑菇保鲜越差，0～4℃是蘑菇保鲜的适温范围。除速冻外，0℃以下易造成冻害。同时，菇体的水分也会影响保鲜度，要求菇体水分在90%～95%。低于90%色泽变暗，易开伞变质。

采前保鲜处理会影响采后保鲜质量，强调菇体采前保鲜处理。

菇体采前保鲜主要掌握几个环节：一是菇体在采前4小时不宜浇水，防止水分多时剪菇柄后引发伤口感染细菌，影响产品品质；二是掌握采收时菇体成长程度，以菇体成长到六成熟时及时采收，防止开伞弹出孢子影响保鲜效果。三是采收时一边采收一边切根，切根后菇体放入保鲜筐中，及时放入冷库保鲜，保鲜温度0～4℃。

开伞菇失去商品价值

采　菇

5千克装销售

小包装超市销售

十、病虫防控

（一）培养料发菌期竞争性杂菌

　　双孢蘑菇培养料营养丰富，适合多种生物生存，因此从培养料制作期、菌丝体生长期和菇体生长期都有病虫害出现。在蘑菇菌丝生长的培养料中常见有鬼伞、绿霉和褐色石膏霉等竞争性杂菌出现；在菌丝生长期和出菇期常见性病害有疣孢霉、胡桃肉状菌、细菌性褐斑病；虫害有菇蚊、跳虫、螨虫和线虫等。

1. 鬼伞

主要症状： 鬼伞为高温期发酵料中常见杂菌，在培养发酵不当时，发菌期至出菇期都会发生。

　　防治方法：①原料来源需新鲜，稻麦草在贮存期不可受潮，宜存放干燥场所。②培养料发酵要完全，发酵期遭雨水淋湿，堆温下降容易引发鬼伞。

发菌期菇床上出现的鬼伞

2.绿霉

　　主要症状：绿霉是整个蘑菇栽培中最常见的一种杂菌。发病初期培养料表面出现白色棉絮状菌丝，生长快，产生孢子后逐渐变绿色，后期呈黑绿色，在菇房传播蔓延造成大面积感染。被绿霉侵染的培养料，蘑菇菌丝生长受抑制或停止生长。

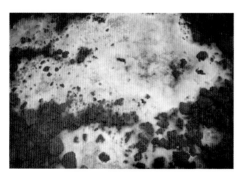

覆土层上的绿霉

培养料上的绿霉

防治方法：①材料来源要新鲜干燥，建堆时对牛粪和饼肥等含氮量高的辅料要粉碎后均匀撒在料中，防止结团发生绿霉。②营养配比合理，培养料中以草料为主，控制辅料过多使用。③调节好堆料温湿度，增加透气量，促进高温放线菌生长。④菌丝生长期控制菇房温度，防止高温烧菌引发绿霉生长。

3. 褐色石膏霉

主要症状：在播种后的发菌期，在高温影响下菇床表面易发生褐色石膏霉危害。发病初期覆土面上出现浓密的白色菌丝，后渐生成褐色粉末，形成菌核。该菌可抑制菌丝生长，推迟出菇时间，发生严重时产量受到影响。

褐色石膏霉

防治方法：①制作优质的培养料，高温期播种要减少料中氮源投入量。②褐色石膏霉发生后应及时挖除，并在四周撒上石灰进行局部干燥。

（二）出菇期病害

1. 湿泡病（疣孢霉）

主要症状：疣孢霉是危害蘑菇子实体严重的病害，在老厂区每个栽培期都易发病，严重造成减产或绝收。在蘑菇菌丝在土中形成菌索时期被侵染，菇床表面形成一堆堆白色绒状物，即是疣孢霉菌丝；在蘑菇原基分化期被疣孢霉侵染时，形成马勃状组织块，初期呈白色，后变黄褐色，表面渗出水珠并腐烂；菇体分化结束后被侵染时，表现为畸形，菇柄膨大，菇盖变小，菇体部分表面附有白色绒毛状菌丝，后变褐色，分泌褐色液滴；菇体生长中后期被侵染，不表现畸形，仅子实体表面出现白色绒状菌丝，后期变为褐色病斑。

蘑菇受疣孢霉危害　　　　　　　　　蘑菇受疣孢霉危害

防治方法：①菇房消毒，清除废料。菇房用甲醛和高锰酸钾、过氧乙酸熏蒸等消毒，栽培层架宜用铁架和塑料网布等无机材料。②土壤处理。选择表土层30厘米以下的土块，土壤撒上石灰并及时翻晒干，覆土前5天，覆土材料用米鲜胺喷雾，闷堆5天后使用。③出菇期防治。在出菇前期和菇蕾发生期，若有小堆白色绒状物出现，或有褐色水珠渗出，说明疣孢霉菌出现，用药防治时，停止浇水1天，在病害处撒上食盐，再用杀菌剂霉得克或米鲜胺500～1 000倍，按照1～2千克/米²喷雾，喷后停止浇水一天。出菇期发生，需要相隔4～5天再喷一次，采过菇后施药，共用药3次，每次选用不同的药剂可提高药效。④保持菇房通风，适当降低温、湿度，减少温差刺激，降低疣孢霉病害程度。

2.胡桃肉状菌

主要症状：蘑菇在20℃以上发菌和出菇容易受胡桃肉状菌侵染而发病。菌丝在料中初为丛状茂密的白色小段菌丝，后渐形成子囊果。子囊外形呈胡桃肉状或牛脑状，直径1～5厘米，群生。菌块成熟时变暗红色。子囊果破裂后释放大量孢子，传播危害，造成减产甚至绝收。

胡桃肉状菌生长期　　　　　　　　胡桃肉状菌成熟期

防治方法：①避开高温期播种。在发生过病害的菇房，秋播时尤其要注意适当推迟播种期，在25℃左右温度由高向低发展的季节里播种，出菇比较安全。②保证菌种的纯度与活力。菌种不带病菌，具有活力，能快速占领培养料，也可减低发病程度。③严格土壤处理。有条件的土壤，应用蒸气消毒，可有效杀灭菌源。④严格进行菇房消毒。在二次发酵时确保每个角落的培养料温度达到要求。⑤卫生操作。勤检查，及时采取补救措施，一旦有零星发生，可以在感染区的菇床底部铺一薄膜，然后在病区及周围浇碳酸氢铵或者2～3倍的浓甲醛溶液或洒漂白粉，立即用薄膜覆盖封杀发病区域。

3.细菌性斑点病

主要症状：在蘑菇出第二潮菇后易发生细菌性病害。发病后菌盖表面出现暗褐色小点或病斑，严重时菇盖表皮裂开。发病初期颜色较浅淡，逐渐发展成暗褐色病斑。严重的致菇体畸形，产生褐色黏液和散发出臭味。有时菌柄也发病。病原菌为托拉斯假单胞杆菌。

防治方法：①适当降低菇场内湿度，加大通风量。②药剂防治选用对细菌防效较好的药剂，如农用链霉素500～1 000倍，喷施料面，施药前后菇床停水一天，用药液量1千克/米^2。间隔3～4天再次用药，连续用3次以上能有效控制病害蔓延。③及时清除病菇和废料，保持菇场清洁干净。

采一潮菇后菇床上喷一次水，喷足结菇水，尽量不在出菇期喷水，必须在出菇期喷水的一定要打开门窗通风，尽快吹干菇体表面水分。出菇期须加强通风换气，防止菇表面水分沉积，结合喷水使用二氧化氯消毒剂等预防。

褐斑病危害状

（三）出菇期虫害

1.菇蚊

主要症状：侵害蘑菇的菇蚊有多种，以幼虫直接取食蘑菇菌丝和菇体，造成退菌或死菇。

防治方法：①实时监控，物理诱杀。蘑菇播种后就对菇蚊发生

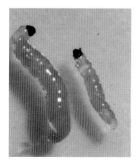

菇蚊幼虫

蛹

成虫

菇蚊幼虫危害状

粘虫黄板

诱虫灯

和发展动态开始监控，在菇房门口、窗口挂上黄色的粘虫板，观察菇蚊成虫出现的时间和数量，掌握最佳的防治时机。②重视培养料前处理，减少发菌期菌蚊繁殖量。做好蘑菇培养料二次发酵处理，利用发酵期的高温杀灭虫卵，做到无虫发菌。发菌后和覆土前应在料面和整个菇床喷杀虫剂菇净2 000倍或生物钉虫剂Bti 2 000倍，杀灭发菌期料内幼虫。在覆土后结合喷施调菇水时再用菇净1 000倍喷雾，可控制多种害虫危害。③药剂控制，对症下药。在出菇期仔细观察料中虫害发生动态，当料面有少量菇蚊成虫活动时，结合出菇情况及时用药。将外来虫源或菇房内始发虫源消灭，能消除整个季节的菇蚊虫害。在喷药前将能采摘的菇体全部采收，并停止浇水一天。如遇成虫羽化期，要多次用药直到羽化期结束。选择击倒力强的药剂，如菇净、生物药剂Bti，用量500～1 000倍，整个菇场要喷透、喷匀。

2.瘿蚊

主要症状：在秋冬季温度较低时易发生瘿蚊为害。瘿蚊以幼虫

瘿蚊危害状

瘿蚊幼虫

蛹

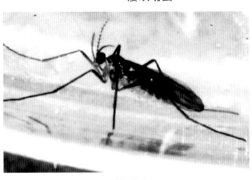

瘿蚊成虫

侵害蘑菇菌丝和菇体。幼虫咬食菌丝和菇体，带虫的菇体商品性降低。瘿蚊幼虫也能携带杂菌和病菌在伤口上侵入而引发病害。

防治方法：参照菇蚊防治。

3.跳虫

主要症状：在温度高于20℃时易出现跳虫为害。当虫口密度大时，菇体上密集跳虫，菇盖被啮食出现斑斑点点，幼菇萎缩，影响产量甚至绝收。

防治方法：清洁环境，降低虫源，铲除菇房四周杂草和废料。用长效药处理培养料，在料中拌入1 000倍除虫脲，喷施调菇水时施用菇净1 000倍，可杀死发菌期虫源。

跳虫为害状

黑角跳虫

长角跳虫

4.螨虫

主要症状：培养料在二次发酵不彻底，料中的螨虫可在发菌期繁殖，取食菌丝和菇体。螨虫危害菌丝造成退菌、培养潮湿、松散，严重时只剩下菌索，培养基失去出菇能力。螨虫群集于菇根部取食菌根、使根部根索消失，菇体干枯死亡。螨虫携带病菌，导致菇床感染病害。

防治方法：①选用无螨菌种。②培养料经二次发酵处理，菇房提前进行杀菌治虫。③选用安全高效杀螨剂，出菇期出现螨虫时，采净菇床上菇体，用4.3%菇净稀释1 000倍喷雾，药后第5天再用10%浏阳霉素乳油1 000～1 500倍稀释液进行均匀喷雾，可在2周内保持良好防效。在下一潮菇的间歇期视螨虫量和危害程度，使用甲氨基阿维菌素1 000倍或240克/升螺螨酯（螨威）悬浮剂3 000～5 000倍喷雾一次，以此控制螨虫危害。

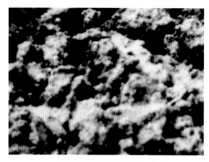 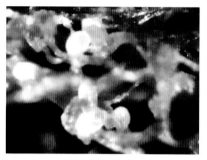

培养料菌丝被螨虫危害　　　　　螨虫取食菌丝

第二节　草　　菇

　　我国是最主要的草菇生产国和出口国，产量占到世界总产量的3/4以上，产品远销美国、加拿大、新加坡、马来西亚、英国和日本等国家和地区。无论是鲜菇、速冻菇，还是干菇、罐头在国际市场上都占有绝对优势。以草菇为原料而制成草菇酱油、草菇罐头、草菇粉、草菇蜜饯、草菇蒜茸酱、草菇酸奶、草菇饮料等草菇制品，倍受国内外消费者的青睐。草菇的生产量仍远不能满足国内外市场的需要。

一、生物学特性

（一）形态特征

　　草菇生长发育分为菌丝体和子实体两个阶段。子实体由菌丝体相互扭结发育形成。

　　1.菌丝体　草菇的菌丝体呈白色或黄白色，半透明，具有丝状分枝，在显微镜下观察为无色透明，无锁状联合。

　　由担孢子萌发形成的菌丝叫初级菌丝，每个细胞都含有一个细胞核或多核，又叫单核菌丝体。有些初生菌丝体能形成厚垣孢子。在适当条件下，初级菌丝相互融合可萌发形成次生菌丝，次生菌丝也能产生厚垣孢子。

菌 丝 体

2.子实体 子实体是由生理成熟的结实性双核菌丝在适宜的条件下扭结发育而成的,在适宜的条件下,次生菌丝体能够进入生殖阶段,并形成子实体。其发育经历针头期、小纽扣期、纽扣期、蛋形期、伸长期和成熟期6个阶段。成熟的子实体由菌盖、菌褶、菌柄、菌托四部分组成。

菌盖是子实体的最上部分,是菌褶的着生处和依托,菌盖幼时黑色,包裹在菌托里,后逐渐成灰褐色、灰色或灰白色。菌盖呈钟形,成熟时平展,宽6~20厘米,表面平滑,灰褐色或鼠灰色,中间突起处较深,向四周渐变淡灰色,有的菌盖表面出现放射状深灰色条纹。

菌褶位于菌盖底面,呈肉粉色,约有250~380片,长短交错,呈辐射状排列,菌褶边缘整齐,基部与菌柄分离,菌褶着生担孢子,是担孢子的发生场所和贮存器。孢子印呈棕色,每个菌褶由三层交织的菌丝体组成,里层菌丝体交织比较疏松,称为菌髓;中层菌丝体交织比较紧密,叫做子实体亚层;外层即菌褶的两侧,叫子实层,它是菌丝体的末端细胞,产生担子和担孢子。

菌柄着生在菌盖下面的中央,有支撑菌盖的作用,菌柄与菌托相连,具有运输营养物质和水分的作用。菌柄白色,内实,含较多纤维素,长度3~8厘米,直径0.5~1.5厘米。

菌托亦称脚苞,是子实体最下面的部分,是子实体发生初期的保护物,称为包被。最初一层包裹菌盖、菌柄的柔软薄膜,随着子实体生长发育,菌盖、菌柄伸长,顶端薄膜破裂,形成环状的菌托残留在菌柄基部,呈灰白色或白色。菌托的基部有吸收营养物质的根状菌索。

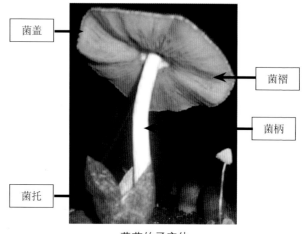

草菇的子实体

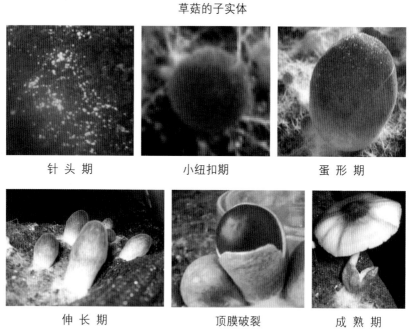

针 头 期　　　　　小 纽 扣 期　　　　　蛋 形 期

伸 长 期　　　　　顶 膜 破 裂　　　　　成 熟 期

（二）生长发育条件

　　草菇同其他生物一样其生长发育需要特定环境。当自然条件能够满足草菇生长要求时，孢子才能萌发，菌丝的生长以及子实体的形成才能顺利进行。因此，了解草菇生长发育对外界条件的要求是非常必要的。草菇生长所需要的条件可分为营养物质（碳源、氮源、无机盐类、维生素、生长激素等）和环境条件（营养、温度、水分、氧气、二氧化碳、酸碱度、光线等）两大部分。

1. 营养　草菇生长发育过程中需要的营养物质可分为碳源、氮源、矿物质盐类、维生素和生长激素五类。

（1）碳源：凡是可以构成细胞和代谢产物中碳素来源的营养物质都可以称为碳源，其主要作用是构成细胞物质和供给草菇生长发育所需的能量，是草菇最重要的营养源之一。碳源是草菇中含量最多的元素，占菌体成分的50%以上。在自然界中的碳源可分为有机碳和无机碳两类，草菇只能利用有机态氮，如葡萄糖、蔗糖、麦芽糖、氨基酸、醇类、有机酸等可以直接被草菇细胞所吸收利用，而高分子有机物如纤维素、半纤维素、淀粉等必须降解为葡萄糖等小分子有机物后才能被草菇菌丝所吸收利用。草菇对碳源的利用以单糖最好，双糖次之，多糖再次之。在栽培中，常用稻草、麦秸、废棉、棉籽壳这些富含纤维素的原料作为碳素营养源[3]。

（2）氮源：草菇能较好利用有机态氮、氨态氮，对硝态氮利用很差。据报道，天门冬酰胺是草菇生长最适宜的氮源。一般培养基中的含氮量以0.016%～0.064%为宜，含氮量过低将限制菌丝的生长。子实体发育阶段，培养基中的含氮量在0.016%～0.032%为宜，过高则导致菌丝营养生长过旺，反而会抑制草菇子实体分化和发育。培养料中氮源不足会影响草菇菌丝生长，氮源过多，则会造成污染。草菇在营养生长阶段C/N比以20～30：1为宜，生殖生长阶段40～50：1，也有报道30～40：1。

（3）无机盐：在无机盐中以磷、钾、镁、钙、硫等元素需要量较多，称为大量元素，但在一般含纤维素的原料中已有足够的含量，无需补充。至于微量元素，则在天然培养基和普通用水中已有。

（4）维生素：维生素既不是作为细胞的结构物质，亦不作为能源，主要用作转化作用的辅酶在新陈代谢中起重要作用。草菇生长发育所需的维生素主要是硫胺素，其作用是作为羧化酶的辅酶，如果培养基中缺少硫胺素，则菌丝生长缓慢，并抑制子实体发育。维生素对草菇菌丝的生长也有较好的促进作用，但维生素B_6具有抑制作用。

(5) 生长激素：生长激素有促进菌丝生长和子实体生长的作用，虽然不是草菇生长发育必需的营养物质，如使用得当，可以增加子实体的产量。

2. 温度　草菇原产于热带和亚热带地区，长期的自然选择和适应，使它具有自己独特的种性，属于高温高湿、恒温恒湿结实性的菌类，对外界温度的反应相当敏感。但在不同的生长发育阶段对温度的要求不同。担孢子萌发温度为 25 ～ 45℃，最适为 35 ～ 40℃，高于 45℃ 或低于 25℃ 担孢子均不能萌发。菌丝生长的温度范围为 15 ～ 42℃，最适温度为 30 ～ 32℃，10℃ 以下停止生长，超过 45℃ 或低于 5℃ 菌丝死亡。所以，草菇的菌种应保存在 15 ～ 20℃ 的环境中。根据子实体分化所需要的温度要求，将草菇划分为高温型食用菌。草菇子实体生长发育的最适温度为 28 ～ 30℃，气温在 23℃ 以下或 45℃ 以上子实体难以形成。

3. 水分　培养料含水量直接影响草菇的生长发育。水分不足造成菌丝和菌蕾干枯死亡，子实体表面会失去光泽并出现皱纹；水分过多，培养料通气不良，抑制呼吸，影响生理代谢活动正常进行，营养输送受阻，使菌丝和菌蕾萎缩，造成大量死亡，还易导致病虫害滋生与蔓延。实践表明，基质的含水量为 60% ～ 65% 时最适合草菇菌丝生育，最高不超过 70%。草菇子实体生长要求相对湿度为 80% 左右，相对湿度超过 96% 易生杂菌，并引起子实体腐烂。子实体生长要求相对湿度为 80% ～ 96%。

4. 氧气和二氧化碳　草菇属于好气性真菌，其生长发育要求有充足的氧气，环境中氧气不足、二氧化碳积累太多，菇蕾或子实体会因为呼吸受到抑制而导致生长停止或死亡。

5. 光线　草菇的菌丝生长和孢子萌发不需要光线，但子实体原基的形成需要散射光刺激。在完全黑暗的条件下不形成子实体，适当的光照可促进子实体形成，散射光能促进子实体形成。子实体发育阶段的最适光照强度为 50 勒克斯，强烈的直射光也会抑制子实体形成（张树庭）。光线充足则子实体颜色较深，呈灰黑色或鼠灰色；光线不足，颜色较浅，呈灰白色。

6. 酸碱度　草菇是目前已知食用菌中唯一在偏碱性环境中生

长的一种食用菌。培养料的pH8～9为宜。担孢子萌发最适宜的pH7.4～7.5。菌丝在pH6～11范围内均能生长，但以pH7.5～8最好。子实体发育的适宜pH7～7.6。

二、主要栽培品种

目前我国生产上应用的草菇品种较多，主要分为两大品系：一类称为黑草菇，子实体为鼠灰色，呈卵圆形，不易开伞，货架期较长，抗逆性稍差，对温度特别敏感，子实体相对白草菇小，容易采摘，主要栽培的品种为V23、V16、V2、V844、V34、V5；另一类是白草菇，子实体包皮灰白色或白色，菇体基部较大，蛋形期呈圆锥形，包皮薄，易开伞，出菇快，产量高，抗逆性较强，主要栽培品种有屏优1号、VP53。此外，上海食用菌研究所、广东农业科学院微生物所、河北微生物研究所、华中农业大学、江苏江南生物科技有限公司等研究机构或公司都选育出许多优良的草菇菌株，如VH3、Vl、V6、V9-2、V17、V17-F、Vf、V35、V118、V830、V0229、V0013、V112、GV34、Vp53、V432-2、VD、V28、V11、V3A等。

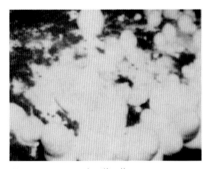

白草菇　　　　　　　　　　　　黑草菇

三、菇房建造与设施配置

草菇室内床架式栽培，分为聚苯乙烯板菇房和砖瓦房两种模式。

1.聚苯乙烯板菇房的建造　借鉴蘑菇标准化栽培菇房建造，采用床架式栽培，菇房要求有足够的散射光，每个走道设有上、下通

聚苯乙烯板菇房

风窗，地面为水泥地面。床架有两排、三排、四排。床架的框架可以用铁架木板、竹子搭建，每个床架一般4层，床架宽0.7～1.2米，层间距45～60厘米，底层床架离地面35厘米（0.5～0.8米）左右，顶层离屋顶1米左右。两排床架间距为0.65米，床架与两侧墙的间距为45厘米，门通常高×宽为1.7米×0.65米，通风窗通常高×宽为0.4米×0.5～0.6米。

铁架木板床架

竹子床架

2.砖瓦房的建造　用砖砌长×宽为6米×4米、边高2.8米、顶高3.5米，盖铁皮瓦或石棉瓦。两排床架，宽1米，5层，层间距0.5米，底层离地0.4米，顶层具屋顶1.2米，设上、下两排窗。砖房砌好后，在屋顶铺3厘米后的薄膜板，再铺一层薄膜。与泡沫房相比，室内环境更稳定，但造价高。

砖瓦结构的菇房

四、原料选择与配方原则

栽培草菇应选择富含纤维素和半纤维素的原料。最早利用的栽培主料是稻草,近几年栽培原料增多,棉籽壳、废棉、麦秆、秸秆、

稻　草

废棉+麦草

废　棉

茶叶渣、麻秆、香蕉叶加锯末、高粱秆、甘蔗渣、花生藤、豆藤、芭蕉茎叶、剑麻渣、药渣、茶叶渣等也能作为草菇栽培原料；还有报道用桑枝、苹果枝、油菜籽壳、石灰草浆造纸沉淀等作培养料。也有报道以香蕉叶、剑麻渣栽培草菇。

生产常用的配方：

废棉90%＋米糠8%＋2%石膏粉；

稻草70%＋棉籽壳20%＋麦麸8%＋石膏2%；

稻草40%＋甘蔗渣30%＋棉籽壳20%麦麸8%＋石膏2%；

玉米秸秆46%＋棉籽壳45%＋玉米面3%＋豆饼3%＋石灰3%。

五、培养料发酵处理

草菇栽培的原料处理方法很多，生料栽培、自然堆沤发酵法、常规二次发酵法、简易二次发酵法、熟料栽培处理，最早应用的都是生料栽培，培养料不经任何配方配制后就接种栽培。生料栽培的优点是比较简单易行，但是产量低，杂菌污染率高，这种方法已在生产中逐渐淘汰。现在草菇生产多数利用原料发酵处理后接种栽培，原料的发酵处理有两个优点，一是通过发酵处理可以杀死杂菌和虫卵，二是通过发酵产生对草菇生长有益的选择性培养料。通过微生物发酵使原料中的大分子分解为小分子，更有利于草菇菌丝吸收利用，尤其是发酵时放线菌大量活动，可提高原料的利用率。目前，根据草菇菌种及其资源情况，选择适宜的发酵方式，上海及周边地区多采用简易二次发酵法。简易二次发酵包括室外自然发酵和室内巴氏灭菌两个过程。

室外自然发酵

室内巴氏灭菌   测定料温

六、播种发菌

当菌床料温低于40℃、无氨味时，采用撒播的方法，一般三层菌种两层料，将菌种均匀撒播到菌床培养料的表面，并用木板压实栽培床两侧，使菌种与培养料紧贴。播种后盖上塑料薄膜发菌，以培养健壮的菌丝。注意控制料内温度，每天揭膜通风1～2次。当菌丝长满培养料时，掀掉料面覆盖的塑料薄膜。

播 种   播种后的料面

七、覆盖材料与覆土处理

理想的覆土材料应具有良好的团粒结构，毛细孔系丰富，疏松透气，不易板结，具有良好的吸水性和持水能力，含有适当的腐殖质，不带有病原菌、害虫及虫卵。可以用草炭土、稻田土、菜园土、火烧土等。以采用菜园土作为草菇的覆盖材料为例，适当在草堆边

草 炭 土

缘或菇床覆土能增加草菇的产量。腐殖质含量较高、团粒结构好，但土壤中的病原菌和害虫、虫卵含量较多。将菜园土在太阳光下暴晒1～2天后，施用前先过筛，再用石灰与土粒均匀混合，pH 7.5左右，然后用5%甲醛溶液均匀喷洒土粒，并用薄膜覆盖消毒24小时后摊晾，挥发至无味备用。当菌丝长满料面后，即可覆土。一般覆土厚度3.5～4.5厘米为宜。覆土厚度应根据覆土材料、气候、菇房保湿性等灵活掌握。

过筛后的菜园土

覆 土

八、出菇管理

一般播种后5天喷出菇水，喷后通风5～6小时再将门窗关闭，保持空间温度33℃5～6小时，然后将温度降至31℃，空气相对湿度保持在85%～90%，以便诱导子实体产生。从播种后第4天开始给予充足光照，以利于菌丝扭结出菇，第7天即开始陆续有小的菇蕾产生。在温度控制上，室内气温保持在28～30℃，料温保持34～36℃。当床面上可见零星小白点即形成原基后，增大湿度，要求空气相对湿度保持在90%左右，做到地面经常浇水，空气中经常喷雾。但要注意尽量不要将水喷洒到料面原基上，因为原基对水特别敏感，喷水量稍大，原基沾上水珠后容易死菇。播种后第8天，要加大通风量，以满足钮扣菇呼吸的需要。通风时，为了保持菇房湿度，最好在通风前向空间及四周喷水，然后再打开门窗通风。通风要看菇房外的风速情况，风速较大时，门窗开小一点，反之则开大一点。但通风时切忌让风直接吹到床面的小菇上，否则容易吹死小菇。另外，必须保持一定量的散射光，散射光能促进子实体形成，对于菇体的色泽外观有利，当发育成蛋形期时，立即采收。一旦突破外菌膜，就失去商品价值。

喷出菇水　　　　　　　　　　适时采收

九、产品保鲜

草菇是所有食用菌中最不易保鲜的一种菇，因为采后呼吸速率极强，具有明显的后熟作用，采下后仍继续发育，温度高，极易开伞，温度低于10℃，发生自溶、变质，运输不当也极易破坏。常用的保鲜方法，将采下的草菇放在15℃的空调房内，适当降温，风干菇体表面水分后，用网袋装好，再装入泡沫箱内运输，也可将采好或

草菇分级

收购的草菇置15℃的空调房进行分级后，冷藏车内温度保持在15℃左右运输。用塑料筐或泡沫箱装菇，必须压实，使菇体不能在筐内滚动。

十、病虫防控

（一）病害

1. 菌丝萎缩　由于菌种老化、退菌、菌丝失去活力，草菇播种后，一般12小时内可明显见到菌种萌发吃料，若播种后24小时仍不见菌种萌发，则可能出现菌丝萎缩或自溶。

防治方法：①对于培养料正常的，可及时补播新菌种；下批更换菌种，如有条件，尽量使用脱毒菌种。②培养料含水量不适宜，当含水量低于50%，应及时补水，当含水量过高，应采取撬料的措施。③菇房通气不良，二氧化氮过高，应加强通风。④营养不足，尤其是第一潮采收后无法满足菌丝需要。

2. 褐色石膏霉　发病初期，在培养料表面出现大型灰白色绒毛状菌斑，扩展速度较快，不久由于菌核状细胞球的大量形成而使菌斑的颜色变成肉桂褐色或褐色，并呈粉状，用手指磨擦有滑石粉的感觉。

褐色石膏霉

防治方法：培养料要发酵彻底，最好进行巴氏灭菌，能杀灭褐色石膏霉；此病菌适宜在碱性条件下生长，因此堆料时石灰用量不宜过多。

3. 鬼伞类　鬼伞是草菇生产中常见的竞争性杂菌，繁殖力极强，不但与草菇争夺养分和水分，而且成熟腐烂后会产生墨汁样的黏液留在菇床上，容易导致其他病害发生。严重时可影响草菇菌丝体正常生长和子实体形成，导致减产。

草菇菇床长出鬼伞

防治措施：培养料含氮量

不能过高，导致碳氮比失调，堆料时产生的氨不仅会抑制草菇菌丝生长，还容易诱发鬼伞类杂菌发生；如果培养料偏酸，有利于鬼伞类杂菌生长而不利于草菇生长，因此培养料的pH值偏碱可抑制鬼伞类生长；用水量适宜，培养料的含水量一般保持在60%～70%，水分太高，草菇菌丝因缺氧而发生糖酵解产酸，培养料pH降低，有利于鬼伞发生。

（二）虫害

1. 螨虫　在草菇栽培中常有螨虫发生。由于害螨个体微小，肉眼不易看清，往往大量发生个体集群时才被发现。菇床上的螨可分为4类，有的是无害的，有的是有害的，有的是间接造成危害的。

（1）捕食性螨：体型较大，行动快速，以捕食菇床中的线虫、细菌或其他螨而生活，不取食草菇菌丝及孢子。

捕食性螨

（2）食霉菌螨：此类螨在菇床中活动，专门取食霉菌的菌丝及孢子而生活，也取食对菇类有害的霉菌。该类螨在菇床上大量发生，指示培养料霉菌污染严重。

（3）腐食性螨：以腐生为主，在菇床上取食死亡腐烂的子实体及发霉腐烂的有机物质等，也取食菇类菌丝及子实体，造成危害。该螨在干菇贮存期发生后，不但取食干菇且造成气味污染，散发出恶臭气味。在菌种保存期若钻进菌种瓶、试管中，可取食菌丝、毁坏菌种。

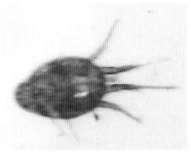

腐食性–速生薄口螨

（4）菇类害螨：这类螨以取食菇类的菌丝及子实体为主，是真正的害螨。它们在菇床上取食菌丝，使草菇菌丝生长不良或出现退菌现象，严重影响草菇的产量及品质。

防治方法：选用好菌种，把好菌种质量关。保证菌种本身不带任何害螨，防止害螨进入菌种瓶及棉塞上。搞好卫生，做好菇房及栽培场地内外的清洁卫生，并保证菇房与仓库、禽舍等有一定距离，并及时清除死菇和废料。培养料发酵彻底，选用无霉、新鲜的原料，进菇房后进行后发酵，以杀死害螨。诱杀，可用糖醋液湿布法诱杀。

2.菇蚊 菇蚊是菇类栽培中发生较为普遍的害虫。造成菇类的产量和质量大减。以幼虫造成危害，幼虫生活在培养料中，取食菌丝的养分，影响发菌和延迟出菇，造成产量下降，子实体发生阶段受害主要是大量的幼虫群集在菇跟基部，造成子实体生长缓慢，用手触动时，子实体容易倒伏。

十一、金针菇菌渣栽培草菇

（一）栽培季节与栽培场地

根据草菇生长发育对温、湿度的要求，正常安排在夏季5～6月和秋季8～9月连续栽培两茬，可以采用栽培双孢蘑菇的菇房进行草菇和双孢菇周年生产。

（二）栽培技术

1.栽培配方及自然发酵 金针菇菇菌糠80%，干稻草10%，牛粪8%，石灰粉2%。将采收一潮后的杏鲍菇菌糠经脱袋粉碎后晒干，将稻草切碎（5～10厘米），用5%石灰水浸泡，然后将粉碎好的菌糠进行堆置，高1.2～1.4米，长、宽根据场地情况而定。堆好后立即淋水，每天2～3次，一般淋2天，可看到水从四周流出，菌渣吃透水，含水率65%～70%。24小时就可以上架。

2.巴氏消毒 培养料上架后整平拍实床面，喷一次重水，关闭门窗密封一夜。料温可以自然升至45～50℃，这时通入蒸气进行巴氏消毒，或用蜂窝煤加热。消毒温度稳定在65～70℃，保持24小时，后用小火维系，降温至60～65℃，再保持24小时，停止烧煤，自然冷却至温度55℃时，保持48小时。

3.播种 当料温降到38℃，及时抢温播种。采用撒播方式，播种量按每平方米用规格为13厘米×26厘米的菌种袋一袋。播种完用木板拍压，使菌种与培养料充分接触，以利发菌。播种后关闭门窗

3～4天，保温、保湿，促进草菇菌丝迅速布满料面并向料内生长。发菌阶段，如果料温在36℃以上需打开门窗通风降温，保证草菇菌丝处于发菌优势。正常情况下，播种后6天菌丝就可长满整个培养料。

（三）管理和采收

播种后的管理分为菌丝期管理和子实体发育期管理，即菌丝生长阶段料温保持在30～35℃，子实体发育阶段料温以30～32℃为适；菇房空气相对湿度菌丝阶段以80%～85%为宜，子实体培育阶段控制在85%～95%；同时，需适量光照以促进子实体形成。温度偏低时要减少通风量，采取保温措施；偏高时要结合喷水增加通风量；湿度不够可采取空中喷雾或地面灌水；光照调节可结合通风进行。正常情况下，播种后8天喷出菇水，喷后需要进行一次大通风换气，这样有利于菌丝扭结形成菇蕾，并使出菇整齐。待原基形成后加强通风换气，但通风时不要让强风直接吹向床面菇蕾。原基长至纽扣大小时采用雾化喷头对料面和空间喷水，提高空间湿度。一

浸稻草

牛　粪

堆　料

金针菇菌糠

粉粹菌包

巴氏灭菌后的料面

出 菇 期

采 收

分 级

般播种后13天草菇长至蛋形期时可采收。当草菇的子实体蛋形期时采收。采摘时将手伸进棚内采摘，切忌掀开草帘、薄膜进行采摘，采收时一手按住培养料，一手轻轻把菇拧下，切勿伤及周围未成熟的幼菇。

十二、草菇周年栽培

室内栽培草菇，可对草菇的生长环境进行认为控制，防止和避免自然条件如低温、寒潮及暴风雨变化的影响，保证草菇生长的最佳条件，可周年生产草菇。

1.菇房及床架的要求　利用闲置房屋进行床架立体栽培草菇。近年来，广东深圳、东莞等采用聚苯乙烯泡沫板嵌在杉木菇房框架上，以利保温、保湿。菇房中间为过道，栽培床靠两侧，但不靠泡沫板墙。床架分4～5层，不同的是床面采用尼龙网，上、下均可出菇，扩大出菇面积。菇房车有聚乙烯薄膜，以利保温和防止水分蒸发。墙体四角安装日光灯，以满足子实体发育所需的光线，菇房两侧各设0.3～0.4米见方对流通风窗3个，下设通风窗2个。

2.浸泡原料　将废棉用3%～5%的石灰水浸泡原料，边淋水边踩踏，直至将全部原料浸透为止。用pH试纸检测，将培养料的pH值调到pH9～10。控制含水量65%～68%（用手抓料，指缝略有少量水渗出）即可。

培养料拌石灰　　　　　　　　　　浸泡原料

3.培养料的建堆与前发酵　一种是将培养料直接放在专用的梯形铁筐中进行培养料前发酵，每次堆制发酵的培养料不少于200千克。

专用的梯形铁筐

另一种是把浸透后的培养料捞起建堆，底部放置地龙，将培养料堆在上面，高约80～100厘米，宽约160～180厘米，长6米。用薄膜覆盖，保温保湿，以利发酵。自然堆沤发酵，当培养料堆中心温度上升到60℃左右时，保持24小时后翻堆一次，将外面的培养料翻入堆心，里面的培养料翻到外面，以使培养料发酵均匀。用薄膜覆盖，保温保湿，以利发酵，自然堆沤发酵2天。

放置地龙进行发酵

翻　料

4.培养料后发酵　将经过堆制的废棉堆进行拆堆，将培养料拌匀，搬进菇房，或用传送带将培养料传送到菇床上，冬天培养料的厚度以12～15厘米为宜，夏天5～7厘米，培养料铺好后，进行二次发酵，关闭门窗，用蜂窝煤或通入蒸气或地炉加温加热，进行巴斯德消毒，等到菇房内培养料温度达到65℃左右时，保持12小时。消毒结束后，将门窗打开，并揭开料面薄膜进行通风，排除废气和降温，等菇房温度降到30～35℃时，料温在38℃左右进行播种。在气温较低二次发酵时，床架底层与顶层的温差很大，为了使二次发酵彻底，通常将底层的培养料放在中层，待二次发酵结束后，播种前将中层培养料移至底层。

培养料经传送带到菇房

薄膜覆盖以利保温保湿

5.播种　在开放的环境下将菌种从菌种袋挖出，将菌种表面的一层菌种挖出并弃之不用，将菌种放在清洁的袋子里，将菌种块轻轻弄碎。当菌床料温低于40℃、无氨味时，即可播种。床栽可采用撒播的方法，将菌种均匀地撒播到菌床培养料的表面，并用木板压实栽培床两侧，使菌种与培养料紧贴。播种后盖上塑料薄膜，以利培养健壮的菌丝，注意控制料内温

播　种

度，每天揭膜通风1～2次。当菌丝长满培养料时，掀掉料面覆盖的塑料薄膜。

6.发菌期管理　播种后至出菇期间为菌丝生长期，重点是掌握好温度、湿度及通风换气。使料内温度维持在34～36℃。可将温度计斜插在料面3厘米处测量料温，不能超过40℃，保持4天，然后揭去薄膜，高温季节薄膜覆盖2天即可，在保温保湿较好的菇房也可以不盖薄膜，每天揭开薄膜2～3次，具体的次数和通风时间根据气温、料温及空气相对湿度来定。通风过程中料面不能低于33℃。菌丝生长阶段，空气相对湿度以80%～85%为宜，如培养料偏干，可以在墙壁、地面或室内喷雾，不能直接向料面喷水。因为原基对水特别敏感,喷水量稍大,原基沾上水珠后容易死菇。播种后第4天开始给予充足的光照，以利于菌丝扭结出菇，播种后第5天，喷出

菇水，菌丝长至培养料底部，开启门窗通风4～6小时，料面干爽后，直接向料面喷水，此次喷水要喷透，直至料面有水珠向两边流下，并有水渗入料内。喷水后，打开门窗通分换气，使料面温度保持28℃左右5～6小时，待料面水珠风干后，关闭门窗，使料温回升至33℃左右，让菌丝恢复生长。

7. 出菇期管理　一般情况下，播种后第6天，就开始进入出菇期管理，重点是控制好温度、湿度等，出菇期料面的温度以30～32℃为宜，为保持温度稳定，在气温较低时，采取加温措施，温度高时，加盖遮阳网、稻草、开通风窗。

在温度控制上，室内气温应保持在28～30℃，料温保持在34～36℃。当床面上可见零星小白点，即形成原基后，增大湿度，要求空气相对湿度保持在90%左右，地面经常浇水，空气中经常喷雾。但要注意尽量不要将水喷洒到料面的原基上，因为原基对水特别敏感，喷水量稍大，原基沾上水珠后容易死菇。播种后第8天要加大通风量，以满足氧气的需要。通风时，为了保持菇房湿度，最好在通风前向空间及四周喷水，然后再打开门窗进行通风2次，每次1～2小时。通风要看菇房外的风速情况，风速较大时，门窗开小一点，反之则开大一点。但通风时切忌让风直接吹到床面的小菇上，否则容易吹死小菇。另外，必须保持一定量的散射光，散射光能促进子实体形成，对于菇体的色泽外观有利。

十三、设施蔬菜与草菇轮种

1. 栽培季节与栽培场地　种植的蔬菜（生菜、芹菜）于5月采收完毕，气温稳定在25℃以上，空气相对湿度稳定在80%以上，6～9月是草菇栽培季节，9月结束后可继续安排原来棚内秋冬茬蔬菜生产。选择土质肥沃、近水源的地块整地作畦。清除蔬菜、地膜、杂草。喷洒一次多菌灵，闷棚2～3天，将栽培场地深翻暴晒3～4天后，沿大棚的横向作畦，宽50厘米，高10厘米左右，两畦之间的过道40厘米左右，畦两侧各挖排水沟（宽30厘米，深15厘米），然后浇足水分，浸透畦土，略晾干，当脚踩畦床没有泥浆时即可栽培。

栽培大棚

整地作畦

2.培养料配置 将废棉或棉籽壳用融化的石灰水浸泡预湿，按照料水比1 : 1.3 ～ 1.4。将堆发酵2 ～ 3天，堆温要求达到65℃。也可用栽培金针菇后的菌糠，选用无腐烂、无污染的菌渣，脱袋后晴天暴

栽培原料

加石灰拌匀

晒1～2天，按照100千克菌糠加6千克石灰的比例进行拌匀并建堆，堆料的底部放上地龙，有利于通风换气，堆料后覆盖薄膜，用砖块压紧，将温度计插在料堆上，以便观察料温的变化，当料温升到65℃时翻堆一次，将堆表的料翻入堆内，堆内的料翻到堆表，一般自然堆置3天。

3.铺料接种 进料前在畦内喷施1%石灰水或撒一层石灰，然后将发酵好的草料铺在畦内，播种前先将菌种掏出放在消毒过的盆内，边铺料边接种，铺料时做成波浪形，约35厘米宽的一个波浪，间隔15厘米，再用料铺成一个波浪，料面上撒上一层菌种，再铺一层料，轻轻拍实后再撒一层菌种，菌种上面覆盖薄膜，在覆盖一层草帘。播种结束后，大棚外及时覆盖草帘和遮阳网，避免阳光直射。

铺　料　　　　　　　　　　　　盖薄膜

4.发菌管理 发菌温度控制在30～35℃，空气相对湿度控制在85%左右，每天抖动地膜2次，以便换气。5天左右料面布满菌丝，撤去地膜，用塘水喷湿，再覆地膜，保持温度和湿度。

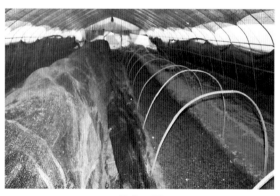

盖遮阳网

5.出菇管理　出菇期注意控温保湿，菌丝走到料面后，喷一次出菇水。出菇水要求温度在30℃左右，不可用凉井水，湿度在90%左右。一般不能直接浇水，特别是菇蕾小的时候，只需通过向畦两侧的排水沟灌水，使土壤湿润，培养料吸水后，供菇蕾生长发育的需要。保持空气流通，氧气充足。需要散射光，光线太弱不能形成子实体，光线太强对子实体生长有抑制作用。要根据子实体的生长速度、温度的高低变化等情况进行通风，保证草菇子实体形成所需要的温、湿条件。

菌丝发菌

小菇蕾

6.采收　采收的原则是采大留小，也可成簇采收。采收后及时覆土、浇水，可采收第二批菇。由于温度高、发育快，一般情况下早晚各采收一次，采下的菇立即将基部杂质用小刀剔除，分好等级，通风收干后尽快上市场销售。

适期采收

第三节　鸡腿菇

鸡腿菇，又名鸡腿蘑，毛头鬼伞，是一种经济价值较高、食药用兼备的食用菌。我国于20世纪80年代开始栽培，并把野生的鸡腿菇菌种驯化为人工栽培的菌种，种植规模迅猛扩大。由于其栽培原料广、产量高、工艺简单，是近年来人工栽培食用菌中具有较大开发前途的种类。2009年，我国鸡腿菇总产量已达到44多万吨，产品除在国内广州、北京、上海、香港等大城市畅销外，还销往日本、韩国、美国、法国等美欧国家。鸡腿蘑鲜菇、干菇（切片菇）、罐头菇均极受欢迎，产品具有较高的商业潜能，具有广阔的市场前景。

一、生物学特性

（一）形态特征

鸡腿菇的菌丝在母种培养基上起初为白色略灰、浓密，后期呈灰褐色，在原种和栽培种培养基上为灰白色，老化后变褐色。菌丝生长最适温度25℃左右，最适pH7左右。培养料含水量控制在65%，不需要光线，经常通风换气。

鸡腿菇需要覆土才能结实，子实体白色，菌盖幼小时为圆筒形或长椭圆形，表面光滑，菇蕾期呈杵状，粗3～6厘米，长10～20厘米，后期逐渐平展，顶部变为淡土黄色，后减变深，菇盖上形成鳞片。开伞后弹射黑色孢子。菌柄白色，一般粗2厘米左右，光滑，柱状。子实体最适生长温度为12～20℃。出菇期间空气相对湿度90%左右。

（二）生长发育条件

1. 营养　鸡腿蘑能够利用的碳源包括葡萄糖、麦芽糖、棉籽糖、淀粉、纤维素等。蛋白胨和酵母粉是鸡腿蘑最好的氮源。缺少硫胺素时鸡腿蘑生长受影响。在培养基中加入含有维生素B_1的天然基质麦芽浸膏和玉米、燕麦、豌豆、扁豆的煎汁，可大大促进鸡腿蘑菌丝生长。

鸡腿蘑属草腐菌。栽培中用棉籽壳、秸秆、菌糠、饼肥和麸皮为培养基质。

2. 温度　鸡腿蘑菌丝生长的温度范围在5～35℃之间，最适生长温度22～28℃。鸡腿蘑菌丝的抗寒能力相当强。冬季-30℃时，土中的鸡腿蘑菌丝依然可以安全越冬。温度低，菌丝生长缓慢，呈稀、细、绒毛状。温度高，菌丝生长快，绒毛状气生菌丝发达，基内菌丝变稀，35℃以上菌丝发生自溶现象。子实体形成需要低温刺激，当温度降至30℃以下、15℃以上时，鸡腿蘑的菇蕾就会长出。在15～25℃的范围之内，温度越低，子实体发育慢，个头大，单生菇多。30℃以上菌柄易伸长，开伞。人工栽培时，16～24℃子实体发生数量最多，产量最高。温度高生长快，菌柄伸张，菌盖变小变薄，品质降低，极易开伞自溶。

3.湿度　鸡腿蘑培养料的含水量以60%～70%为宜。发菌期间空气相对湿度80%左右。子实体发生时，空气相对湿度85%～95%，低于60%菌盖表面鳞片反卷，湿度95%以上，菌盖易得斑点病。

4.光线　鸡腿蘑菌丝生长不需要光线，菇蕾分化和子实体发育长大均需要500～1 000勒克斯的光照。

5.空气　鸡腿蘑菌丝生长和子实体生长发育都需要新鲜的空气。在菇房中栽培，子实体形成期间应时常通风换气。

6.酸碱度　鸡腿蘑菌丝能在pH2～10的培养基中生长。培养基初始pH7或pH8，经过鸡腿蘑菌丝生长之后，都会自动调到pH7左右。因此，无论是培养基或覆土材料，pH7最适合。

二、主要栽培品种

经引种驯化和栽培推广，鸡腿蘑菌种类型有适合加工的黄褐色种和适合鲜销的白色种。

1.J01　菇体黄褐色，多丛生，菇盖鳞片较多，抗性较强，产量较高，菇肉较紧密结实，产品较适宜作为盐水和制罐加工。

2.J02　菇体较J01小，色泽较白，较耐低温，但不耐高温，适宜出菇温度为14～28℃，产品适宜鲜销。

三、菇棚建造与设施配置

栽培场地因地制宜，可建造砖房以利保温，也可利用大棚，但必须远离污染源，交通便利，排水畅通，水源清洁、充足。

菇棚搭建要求周围有合理的空地用于培养料堆制、覆土材料的处理等，正常占地面积比例为5∶1。

菇棚一般长40米，宽8米，栽培中可地面栽培也可床

大　棚

架栽培,可袋栽也可畦栽。

棚内立体层架栽培,层架一般4层左右,底层床面离地面高40厘米,床架间距不少于65厘米,两层架之间留有1米左右的通道。

栽 培 房

如果要实现周年栽培,需要配备空调等控温设备,一般在福建等温度较高的地区,适合春节前后加温出菇,市场价格好。

四、原料选择与配方原则

栽培鸡腿菇的原料来源广泛,根据当地资源可就地取材。棉籽壳、农作物秸秆、畜禽粪便、玉米芯、木屑等均可以,原料要求新鲜、无霉变、干燥、无虫。

可以参考的配方:

棉籽壳或玉米芯90%,麸皮5%,复合肥2%,石灰3%。

稻草粉、玉米秸粉各40%,牛粪15%,复合肥2%,石灰3%。

大段的材料粉碎成段　　　　　　　　稻 草 段

原料浸泡预湿

金针菇菌渣50%，棉籽壳35%，玉米粉5%，麸皮5%，复合肥2%，石灰3%。

稻草等作物秸秆85%，麸皮或玉米面10%，石灰2%，尿素0.5%，石灰2%，磷肥1.5%。

木屑60%，棉籽壳28%，麸皮8%，磷肥1%，糖1%，石灰2%。

棉籽壳70%，稻草15%，米糠10%，石膏1%，石灰2%，过磷酸钙2%。

五、培养料发酵处理

将各培养料按照配方混合拌匀，含水量达65%左右，堆宽1～1.5米、高1米左右，长度视场地而定，建堆完毕和每次翻堆后都要用木棒或铁锹柄在料堆两侧戳一排洞，深至地面,洞间隔0.4米左右,以利通气、好氧发酵。

建堆后注意观察料温65℃，12小时进行第一次翻堆，料尽量上下颠倒，里外对调。料温再次升到60℃时第2次、第3次翻堆，第3次翻堆2天后将料摊开，一般需要5～10天。

发酵好的料呈深棕色，有酱香味而无酸臭味,含水量在65%左右，pH7或略高。翻堆期间注意控制料温不要超过65℃,更不要使高温持续时间太长,否则培养料失水太多,营养消耗太大,出菇后劲不足，会影响产量和效益。

建堆发酵

加温灭菌用的锅灶

六、播种发菌

生料栽培一边装袋一边接种。

料温降至28℃时装袋接种，接种前保证操作场地整洁，用石灰水消毒，菌种要保证健壮、无污染和虫卵，袋口部分老化菌种弃用，最后菌种摆成蚕豆大小。

选袋、接种与平菇生料栽培相同，可以选用长45厘米、宽23厘米、厚0.01厘米的聚乙烯袋，接种量为10% ~ 15%，一般也是4层菌种，间隔相同。

装袋时先将筒袋一端用绳扎紧，从另一端口装入总接种量1/4的菌种，然后装入1/3培养料，再放总接种量1/4的菌种，如此间隔装入，装完料袋后表面播1/4的菌种，用绳把袋口扎紧，在菌种处用竹签或针刺数个洞，以利通气和散热。

如果是熟料栽培，则在装袋后进行蒸气灭菌，常压、100℃维持10小时以上，高压、121℃维持3.5小时以上。灭菌后冷却，在接种箱内接种。

灭菌后菌袋

接 种 箱

接种后菌袋及时搬入发菌室或发菌大棚，避光发菌，高温季节呈井字形排列，发菌温度22℃左右，发菌期间勤检查、翻料袋，避免中间料袋发热烧菌，发现污染及时剔除。根据调温及时通风换气，发菌空气相对湿度控制在70%，一般25天左右发满菌袋。

发 菌

七、覆盖材料与覆土处理

覆土材料要求具有良好的通气性和保水性，可在菜园土中掺入30%的草炭土，土粒要求1厘米左右。

按照3千克/米²的覆土量准备，菜园土需经过暴晒，粉碎成合适大小，与草炭土混匀，喷入稀释1 000倍的菇净和菇丰水，至土完全潮透，闷堆2～3天。

选择土壤肥沃、排灌方便的地块，挖宽1～1.5米、深0.2米左右、长度不限的畦床，灌大水并渗透后，每平方米撒150克石灰粉消毒灭菌，备用。

八、出菇管理

出菇方式大体分为开袋直接开口覆土、脱袋后直接埋袋，或将塑料袋剥掉，掰成小块放在方箱中覆土栽培。

一般菌丝发满后7天左右覆土，选择阴天或晴天早、晚脱袋，卧放或掰成两段立放于畦内，菌棒间留3～5厘米空隙。如果是剥袋后埋棒，则将菌块放入做好的畦中（深10厘米、宽1.5米），畦内先浇透水，袋子卧摆入畦中，袋之间留5厘米左右空隙，覆土。表面覆土层厚3～4厘米。浇水浇透。

菌袋直接覆土，如果是短袋则将菌袋站立，如果是长袋，则将

挖 好 畦

剥菌袋，放入中转筐内

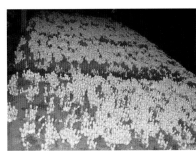
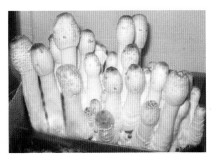
生长中的鸡腿菇

菌袋中间截断，断面站在地上，另一端解开袋子，撑开菌袋口，覆土。表面覆土层厚3厘米左右，浇透水，盖薄膜保湿保温。此法工艺简单，可以在各种床架或空闲房舍栽培，但产量比较低。

出菇温度10～25℃，当菌丝长到覆土层时保持昼夜温差，覆土后空气相对湿度80%左右，适当通风，菌丝爬到覆土层时加强通风，降低相对湿度，早晚温度低时喷结菇水，经20天左右菌丝可布满料面，适当增加散射光，菇蕾形成后，空间多喷水，空气相对湿度90%，温度保持在20℃，温差不可过大，适当通风，保持空气清新，光照100～500勒克斯。幼菇期温度需保持在15～25℃、湿度85%～95%、光照300～800勒克斯，适当加强通风，切忌强风直接吹在菇体上。如果空气相对湿度低于60%，菇盖鳞片增多，翻卷，菇体组织疏松，丧失商品价值；空气湿度高于95%，则菌盖易感染细菌性病害。喷水要少量多次，不可直接喷在子实体上。总之，通风的标准是循序渐进,既要保持菇房内空气清新、氧气充足,又要防止气温骤变。菇房内相对稳定,有利于获得优质高产。采收后菇床应及时清理,整理畦面,凹洼处补土,整平,喷水。补水量以喷透覆土层为准,如第一潮菇生物转化率超过60%,营养消耗较多,应及时喷施营养液。喷后重新覆盖报纸等,促使菌丝恢复生长,待土层复长出新生菌丝时,重复上述出菇管理。

生长中的鸡腿菇

九、采收与保鲜

鸡腿菇子实体成熟速度非常快,采收最佳时机为六成熟,此时处于钟形期,菌盖部分呈光滑洁白状或有极少褐色斑点,采收时一手按住菇柄基部,一手将菇体轻旋,整丛菇生长紧密时最后一起采下,按菇大小分开放置,轻拿轻放。采收后及时清除料面菇根,一潮菇采完及时补充水分,补盖新土,每天喷保持水,直至下潮菇出现。

采摘后用不锈钢刀或竹片轻轻将菇根和大鳞片切削整齐干净,排列在袋子中,抽真空,扎紧袋口,尽快预冷存放于温度0~3℃、相对湿度90%~95%的冷库中,并尽快上市销售。

如果采摘过迟,菌环就会松动,进而弹射大量黑色孢子,菌褶自溶流出黑色孢子液,随后整个菇体自溶,完全失去商品价值。

此外,也可添加一些保鲜剂来保鲜,如用1%的柠檬酸浸泡后冷藏、0.5%的盐水浸泡后冷藏等。

鸡腿菇修剪　　　　　　　　鸡腿菇包装

十、病虫防控

常见病害包括霉菌、黑斑病、鸡爪菌、胡桃肉状菌、鬼伞、腐烂病等。虫害有螨类、菇蝇、菇蚊等。

鸡 爪 菌　　　　　　　　　　细菌危害

十一、金针菇菌渣栽培鸡腿菇

近年来，金针菇工厂化生产企业蓬勃发展，每天的生产量极大，由此产生的菌渣量也非常大，菌渣营养丰富，取材方便，拿来栽培鸡腿菇能够实现原料的充分利用，是值得推进的好方法。

1.建堆发酵

配方：金针菇菌渣80%，牛粪10%，玉米粉或麸皮等5%，石灰3%，过磷酸钙1.5%，尿素0.5%。

建堆：将上述材料层层相间，堆成宽度1米，高度0.8米左右，长度依场地而定，盖农膜保湿保温，待温度60℃维持12小时后翻堆，如此反复3次后，摊料晾开。

2.接种发菌　栽培方法分为袋栽和直接畦栽。

装袋后覆土栽培，培养料晾至30℃以下时装袋。接种、发菌栽培方法参考双孢蘑菇和草菇。

畦栽：南北向，挖宽0.8米，深0.2米，畦间0.4～0.5米的管理通道，畦底先撒一层石灰，再铺料，稍压实至6厘米厚时播种一层，然后再铺一层料约6厘米后撒菌种一层，再铺一层料约6厘米，撒一层菌种，稍压实，覆盖薄膜发菌，三层菌种量均分。

3.覆土出菇　袋装的发满菌丝后，剥掉塑料袋，整齐地摆放在大棚的地上或畦内，覆土。

畦栽的，覆膜发菌后，保持料温20℃，20天左右发满，覆土材料经过杀虫处理后覆盖在料上，厚4厘米，土层吃透水分后覆膜，10天左右土层表面气生菌丝长出，加大通风与喷水，散射光催蕾，喷水要少量多次，不能直接对着菇喷，空气相对湿度保持在90%左右，子实体七成熟及时采收，采收后及时清理料面，每天喷水2次保持相对湿度，直至下潮菇出现，一般可以采收4潮左右。

第四节　竹　荪

竹荪，又名竹参、竹蕈、竹花、面纱菌、网纱菇、鬼打伞、仙人笼等，主要分布于云南、四川、贵州、江西、湖南、湖北、安徽、浙江、广西、海南等地，以福建三明、南平以及云南昭通和贵州织金最为闻名。

竹荪寄生在枯竹根部，有深绿色的菌帽，白色的圆柱状菌柄，粉红色的蛋形菌托，在菌柄顶端有一围细致洁白的网状裙从菌盖向下铺开，整个菌体显得十分俊美，色彩鲜艳稀有珍贵，被称为"雪裙仙子"、"山珍之花"、"真菌之花"、"菌中皇后"。竹荪营养丰富，香味浓郁，滋味鲜美，自古就被列为"草八珍"之一。

我国竹荪栽培发展较快，从2000年总产量（干品）仅有545吨发展到2009年5.28万吨，近年来外销扩大到新加坡、日本、泰国、马来西亚、印尼、美国、法国等国家。以竹荪为原料开发的罐头、保健茶、竹荪银耳茶、竹荪美酒应运而生，越来越多的人对竹荪产生厚爱，市场将不断拓宽，发展前景十分可观。

一、生物学特性

（一）形态特征

竹荪子实体形态奇特，由菌盖、菌柄、菌裙和菌托组成。菌盖钟形，浓绿色或墨绿色，高2～4厘米，表面有网纹，子实层着生在菌盖表面上。菌盖中部是雪白色的柱状菌柄，中空、海棉质，长5～30厘米，直径2～4厘米。菌柄顶端着生一圈细致洁白的网状菌裙，从柄顶端向下撒开，长6～20厘米。菌裙和菌柄是主要的食用部分。

菌球（或称菌蛋）和菌托是竹荪的子实体，由地下菌丝体伸出地面的菌索末端膨胀分化而来。当菌索伸到地面后其末端开始膨胀，由小变大，从圆形逐渐长成椭圆形，粉红或紫红色，称为菌球。菌球即担子果，其包被由外膜、内膜、液胶体三部分组成。外膜薄而柔韧，粉红或紫红色；内膜薄而黏滑，白色。外膜和内膜之间是一些半透明的液胶体。液胶体黏稠，厚0.2～0.4厘米，占据包被的绝大部分，菌盖、菌柄、菌裙在其中发育、成长。菌球原为白色，后逐渐转为粉红色或土红色、深灰色、褐色。成熟的菌球直径4～6厘米。棘托竹荪的菌球表面有许多棘毛，菌托有3层，外层（外包被）膜质，光滑；红托竹荪菌托受伤后呈紫色，这是红托竹荪与长裙竹荪、短裙竹荪的分类依据。棘托竹荪棕褐色，中层（中包被）为半透明胶质，内层（内包被）膜质，乳白色。

竹　荪

（二）生长发育条件

1. 营养　长期以来，人们把竹荪看成是与竹类共生的真菌。近代科学研究和实践证明，竹荪是一种腐生性真菌，对营养物质没有专一性，与一般腐生性真菌的要求大致相同，其营养包括碳源、氮源、无机盐和维生素。

碳源是竹荪碳素营养的来源，自然界中多种富含淀粉、纤维素、半纤维素、木质素的有机物质如竹根、竹鞭、竹片、竹屑、木段、阔叶树、棉籽壳、麦秸等都可被竹荪分解吸收。

竹荪菌丝和其他腐生真菌一样，主要氮源有蛋白质、氨基酸、尿素、铵盐等，其中氨基酸、尿素可被竹荪菌丝直接吸收，而大分子的蛋白质则必须借助于自身分泌的蛋白酶，分解成氨基酸后才能被吸收。

无机盐和维生素在培养基中的含量已满足竹荪生长需要，一般不必另行添加，但在配置培养基时，常加入适量的磷酸二氢钾、硫酸镁、硫酸钙，微量维生素B_1。

2. 温度 温度是竹荪生长发育的主要条件，尤其在子实体生长和开伞散裙。不同竹荪品种对温度的要求也不一样。在营养生长阶段，温度在5～30℃均可生长，最适温度为23～25℃。在10℃左右菌丝长满750毫升菌瓶需要4个月，在23℃需50～60天。中温品种子实体形成和分化适温范围是19～28℃，在低海拔气温较高的地区，人工栽培很难越夏，且对环境条件、培养料和覆土要求比较苛刻，不易形成菌球。有的虽然形成菌球，但是不能分化散裙形成完整的子实体。棘托竹荪属高温型，菌丝生长适宜温度范围23～32℃。

3. 水分 竹荪生长发育所需的水分绝大部分从培养基而来，营养生长阶段的的基质含水量以60%～65%为宜，低于30%菌丝脱水死亡，高于75%培养基通透性差，菌丝因缺氧窒息死亡。生殖生长阶段，在菌蕾处于球形期和卵形期后，为了使其分化，空气湿度要提高到80%，菌蕾成熟至破口期，空气湿度85%，破口到菌柄伸长期，空气湿度应在90%左右。菌裙张开期，空气湿度应达到95%以上。

4. 空气 竹荪属好气性真菌。野生竹荪大都生长在地表，林地植被疏密适中，其菌球生长量多且大，子实体生长正常。在氧气充足的条件下发育良好、产量高、品质优。当空气中二氧化碳的含量增加时，竹荪呼吸代谢活动会受到抑制，因此菌丝体和子实体生存的空间都要氧气充足，室内栽培和野外塑料拱棚栽培竹荪，必须定时打开门窗或揭开薄膜，进行通风换气。

5. 光照 竹荪在营养生长阶段不需要光照。在无光的条件下培养的竹荪菌丝体呈白色绒毛状，菌丝见光后生长受到抑制，很快变成紫红色，容易衰老。在生殖生长阶段只需一定的散射光，强烈的光照不仅难以保持较高的环境湿度，还有碍子实体正常生长发育。强光和空气干燥时容易使菌球萎蔫，表皮出现裂斑，不开裙或变成畸形菇。

6. 酸碱度 自然界中竹荪生长在林下腐殖层和微酸性土壤

中。腐竹叶pH5.6，经竹荪菌丝体分解后下降到pH4.6。较适宜的pH4.5～6.0。

二、主要栽培品种

人工栽培的竹荪有短裙竹荪（*Dictyophora duplicata*）、长裙竹荪（*D.indusiata*）。近年来，我国食用菌工作者驯化栽培成功了2个新种——红托竹荪（*D.rubrovolvata*）和棘托竹荪（*D.echinovolvata*）。目前已通过国家食用菌品种认定的竹荪品种有宁B1号、宁B5号、D88、粤竹D1216。

1. 宁B1号　子实体幼期椭圆形，成熟后菌柄伸长，菌柄基部2～4厘米，株高12～24厘米，菌托紫色；菌盖钟形，高宽均为3～6厘米，有明显网格，成熟后网格内有微臭暗绿色孢子。菌裙白色，网格多角形，下垂10厘米以上。中温偏低型出菇品种，子实体生长需良好通风。生物学效率65%以上。

2. 宁B5号　子实体个体小，密度大，幼期近球形，有棘毛，后期颜色由白逐渐转为褐色；菌柄伸长10～16厘米，菌柄基部1.5～3厘米，白色中空，壁海绵状；菌盖钟形，高宽均3～4厘米，有明显网格，内含土褐色孢子液；菌裙白色，下垂8～12厘米，裙幅10～14厘米，网眼正五边形，菌托土褐色，有棘毛；高温型出菇品种，菌丝可耐受32℃高温，子实体可耐受30℃高温。生物学效率90%以上。

3. D88　菌球初期带棘，后期消失。菌球中等偏大，成熟子实体裙与柄等长或较柄长，色白、厚实；培养基要求 pH 4.5～6.5，含水量50%～65%；菌丝生长温度6～35℃，最适生长温度20～32℃；子实体形成温度20～32℃；品种抗逆性强，适应范围广、出菇早、不耐贫瘠、抗虫性能差，不耐黏菌侵害，不耐二氧化碳。生物学效率为50%～83%。

4. 粤竹D1216　中温出菇型，生长周期较长，约90～130天；菌盖钟形，顶部有圆形或椭圆形凹孔；菌盖组织白色，菌裙白色，长4～7厘米，菌柄白色，柄长12～20厘米；菌托重量约占子实体的58%，烘干后占整个子实体的95.4%，正常条件下粉红色至淡紫色，受伤后变深紫红色；菌裙网眼圆形或近圆形，孢子清香；菌株抗杂菌能力较强，对生长条件要求高，在自然温度下，广州地区一年可栽培两轮。生物学效率40%～60%。

此外，贵州省织金县红托竹荪研究所以织金郊外竹林中的野生竹荪为种菇，采用木屑培养基组织分离的方法繁殖菌种，筛选出对本地自然生态环境有极强适应性的优良株系——织金红托竹荪菌种。

三、菇棚建造与设施配置

1.室内床架栽培 室内床架栽培菇房最好冬暖、夏凉、通风、透光、无污染源、空气相对湿度高、温差小，坐北朝南，这样有利于通风换气和冬季提高室温，并可避免阳光西晒。菇房内安装多层式菇架，每个菇架以4层较合适。每层相距高50厘米，最低层离地30厘米，菇架宽70～80厘米，长度一般1.5～2米，也可根据菇房实际设计。每个菇架之间距离60～70厘米，南北向排列，以利于通风。门窗安装纱网，防止虫、鼠进入。

2.室内箱筐栽培 培养箱可用塑料转运箱或木板箱，也可利用商品包装的木箱、竹箱。规格一般以50厘米×35厘米×25厘米为好。箱底打几个排水孔，箱内铺薄膜，并打几个小洞，以利排水，然后铺一层腐殖肥土，厚5厘米左右，随即铺入培养料，厚7～10厘米，播上菌种，再以同样方法铺料播种，最后撒上一层薄料。待菌丝长满培养料，即可盖上一层3厘米厚的覆土，经常浇水保持湿润。箱子可放在室内架上或室外阴凉棚处。温度要求依品种而不同，红托竹荪20～28℃，棘托竹荪28～32℃，短裙竹荪22～25℃。覆土40多天可长出竹荪。

3.大田荫棚栽培 竹荪栽培的田块要求交通便利，土质疏松肥沃，腐殖质含量高，透气性好，排灌容易，土壤不易板结。竹荪种植不能连作，须间隔2年以上。为防止缺肥，当年种植地瓜、玉米等耗肥作物的田块也不宜种植。

竹荪子实体形成需要一定的散射光，通常在"七阴三阳"环境下，竹荪子实体在环境温度22～25℃，培养料湿度60.0%～65.0%，环境相对湿度80.0%～90.0%的环境下生长最好，产量最高。大田栽培竹荪采取搭建荫棚或畦上覆盖芒萁草来达到遮阴的效果。

搭建荫棚的方法与栽培香菇、木耳类似，这种方法效果较好，同时便于竹荪成熟时采收，能保持完美的外观，提高商品价值。大棚按宽4～6米、高1.8～2.0米、两边高1.6米左右搭建。以木柱、水泥柱为主柱，以竹子、檩条为支架，也可用金属线材焊接或镀锌钢管作主支架结构，其上覆盖塑料薄膜，再覆盖草苫或遮阳网进行大棚控温栽培。

竹荪大田搭棚栽培

四、原料选择与配方原则

以下配方以栽培面积亩计算所需干料：

竹丝粉4 000千克，杂木屑或芦苇2 000千克，麸皮50千克，尿素40～50千克，轻质碳酸钙或过磷酸钙50千克，石膏粉50千克，pH5～6。

新鲜谷壳5 000～6 000千克，辅以杂木屑或竹屑，预湿后即可铺料。

竹屑湿重4 000～4 500千克，谷糠粉30～40千克，12%磷肥100千克，三元（NPK）复合肥25～30千克。

玉米秸或稻壳等培养料80%，木屑10%，麸皮9%，三元

（NPK）复合肥1%，磷酸二氢钾0.1%，含水量70%，pH6。

五、培养料发酵处理

可参照蘑菇料发酵工艺进行。一般发酵40～50天，其中翻3～4次堆（每10天翻堆一次）。发酵结束后要确认培养料无氨味方可下料播种：①原料上畦前要充分发酵，含水量充足，即手握原料时，手指有水珠渗出，手松开时原料不散开；②竹荪喜欢在弱酸环境中生长，原料pH5～6为宜。③培养料发酵过程中产生高温可以杀死培养料中的杂菌、虫卵，控制霉菌等繁殖，发酵的培养料利于竹荪菌丝分解，可促进菌丝体养分积累，提高产量。

六、播种发菌

当温度稳定在10℃以上即可播种。播种前5天对场地全面撒石灰消毒，再铺上发酵料，料宽70厘米，料厚15厘米，每平方米用料20～25千克。畦呈龟背状。铺料后即可播种，播种时每距5～8厘米用手扒开一小穴，每穴放入竹荪菌种30克左右（蚕豆大小），梅花式播种，每亩用种量500～600袋。

室内床架栽培预先在床架上铺一层已消毒过的塑料薄膜或麦草、稻草、无纺布，以防漏料。床基铺一层腐质土，厚3～5厘米，再铺上培养料，厚10厘米。然后均匀撒播一层菌种，压实，在菌种上面加盖厚5厘米培养料，再撒一层菌种。最后一层培养料只要盖住菌种即可。每平方米用菌种3～4瓶。播种后，用塑料薄膜盖好，在室温20℃下避光培养，保持相对湿度75%～80%。

七、覆盖材料与覆土处理

土质要求肥沃，无虫害，粗土料稍偏沙，也可用预先暴晒过的菜园土覆盖3～5厘米后，浇适量水。

覆土上盖一层稻草或麦秸，立春前播种的要覆盖薄膜，保温保湿，立春后揭膜。播种后经常察看表盖土干湿情况，保持基质含水量60%左右。

一般遮阳度好的林地，畦面只需覆盖20～30厘米厚稻草或麦秸。有条件的可于播种后菌丝透出覆土表层时,在畦面上搭高30～50厘米、宽依畦宽而定的小拱棚。棚上用草苫或旧麻袋等覆盖,既防风又遮阳,但成本较高。

八、出菇管理

一般60～80天菌丝即可穿透培养料扭结成菌索破土而出。当畦床覆土出现菌索时,应在排水沟内注水或往床面上喷水,以提高菌床空气相对湿度至85%,保持温度20℃以上。这时覆土表面的菌索尖端逐渐生成菌球,初呈米粒状,3～5天长成黄豆大小,表面光滑,乳白色。过16天左右菌球不再增大,表明已经成熟。菌球成熟后,应适当喷水,使培养料含水量由85%提高到95%左右。随着温湿度提高,菌球从顶端破裂,菌盖、菌柄依次从中挤出,当菌柄伸出后,从菌柄和菌盖之间吐出菌裙。温度要求依品种不同而不同,红托竹荪20～28℃,棘托竹荪28～32℃,短裙竹荪22～25℃。

室内床栽,从培育菌种至采收约需6～9个月。若管理细致得当,每平方米可收鲜竹荪2～3千克。

林下栽培竹荪

九、竹荪采收

竹荪破蕾开裙一般在凌晨至上午,必须做到随开随采。因竹荪破球抽柄撒裙仅有2～3小时,当菌裙下散至离菌柄1/3时,要及时采收,过熟就会躺倒自溶。采收时,用刀从菌托底部切断菌索,先轻轻取掉墨绿色菌帽,然后去掉菌托,留菌柄和菌裙,用湿纱布揩干净或用清水冲洗干净，放在干净的篮子里，切不可撕破弄断。然后及时分级进行烘干或晒干。

竹荪采收

十、产品干制

竹荪当天采收当天烘干，当天用机械脱水烘干，隔夜加工变质，鲜干品比例为8：1。采取间歇式捆把烘干法。即鲜菇排筛重叠3～4层，烘房温度50～60℃，烘至八成干时出房，间歇10～15分钟，然后将半干品捆成小把，再放进烘房烘至足干。干品反潮力极强，应及时用双层塑料袋包装，并扎牢袋口，防止受潮变质，降低商品价值。

竹荪烘制

干制竹荪包装

十一、病虫防控

（一）病害和竞争性杂菌

1.竹荪黏菌病 黏菌发生在竹荪畦面裸露土或覆盖的稻草上，蔓延迅速，甚至蔓延爬上种植在畦床上的大豆、玉米等遮阴作物，抑制遮阴作物生长。若畦内培养料受侵染，会变潮湿腐烂，并有大量细菌和线虫，使菌丝生长受抑或逐渐消亡，不再生长竹荪。竹荪菌蕾受到危害呈水渍状、霉烂。

防治方法：

（1）场地选择：注意田块选择和提前翻晒、杀菌。选择向阳、通风、土壤肥沃和易排水的田块作栽培地，提前20～30天清除田块的稻草根，翻犁成畦、暴晒。畦田四周的排水沟要清、宽、深，不淤积雨水。栽培前7～10天用波尔多液、多菌灵喷洒，并每亩撒施25千克石灰，杀菌消毒。

（2）培养料处理：改生料栽培为发酵料栽培，木屑、竹屑、菌草、废菌料等必须充分晒干。在下料栽培时，把原料放入水池，加入0.3%～0.5%的石灰、1∶500倍多菌灵，浸泡24～36小时，之后捞出堆沤发酵5～7天，浸泡或堆沤时在水中或料中杀菌。

（3）菌种选择：使用无污染、生活力强的高质量菌种。有异味或太干、太湿、太老的菌种都不宜使用。

（4）加强畦床管理：选晴天下料播种，播种覆土后畦面撒竹叶或铺盖稻草；遮盖薄膜保温、保湿、防雨；菇棚四周遮阳物不宜围得过厚、过密，要便于通风；畦沟不留淤积雨水，畦土湿度保持20%～25%，空气相对湿度80%～90%，光照600～800勒克斯。

（5）药剂防治：可选择波尔多液300倍或500倍液，对褐发网菌有良好的抑制效果，也可用多菌灵、甲基托布津、硫酸铜1∶500倍和100～200国际单位农用链霉素、含有效氯150毫克/升漂白粉连续喷洒3～4次。

2.软腐病 发病初期用盐水喷洒霉斑，清除已染病的菇体及覆土，另添新土，表面喷洒50%多菌灵可湿性粉剂200倍液。注意及时清理带病的培养料，发现褐腐病及时拔出带病子实体，并挖掉病斑，于发病处使用25%阿米西达悬浮剂3 000倍液消毒；开始发病时应停止喷水，且加大栽培场通风。

3.竞争性杂菌 竹荪从菌种配制到培养料发菌出菇各个阶段，如果管理不善、操作不规范、培养料霉变等，均可带来竞争性杂菌侵害。常见的杂菌有木霉、根霉、毛霉、链孢霉等，防治方法可参考其他菇类的杂菌防治。

（二）虫害防治

竹荪栽培中常见的虫害有菇蚊、蛞蝓、白蚁、螨虫、跳虫、蠼螋等。

1. 菇蚊　菇蚊是野生和栽培竹荪主要虫害之一。以眼蕈蚊科种类最多，这里介绍一种危害竹荪的迟眼蕈蚊——竹荪迟眼蕈蚊。

菇蚊的防治方法见双孢蘑菇双翅目害虫。

2. 蛞蝓　蛞蝓又名鼻涕虫，白天躲藏在阴暗潮湿的地方，黄昏出来寻食，主要危害子实体，严重时甚至把菌球都吃光。

防治方法：根据昼伏夜出的习性，晚上捕杀；傍晚用5.0%来苏尔喷在蛞蝓活动场所，或将新鲜石灰撒在蛞蝓活动处，3~4天撒一次；用多聚乙醛300克、白糖100克、敌百虫50克，拌碎豆饼400克，加适量水拌成颗粒状，在畦旁诱杀；在麦麸中加入2.0%砷酸钙和砷酸铜制成诱饵毒杀。

3. 跳虫　跳虫属弹尾目，俗称烟灰虫。色灰，比芝麻略小，体表有油质，不怕水，繁殖快，每年繁殖6~7代。主要危害竹荪子实体，也危害菌丝体，并传播病菌。

防治方法：播种前搞好栽培场地环境卫生，喷洒50.0%马拉硫磷1 500倍液或菇净1 000倍液，杀死或驱散跳虫；可用300倍敌敌畏加少量蜂蜜诱杀。

4. 蠼螋　蠼螋属革翅目。从若虫到成虫均能侵害菌丝体和子实体。菇体表面被咬食成孔洞、缺刻，成虫昼伏夜出，活动迅速。食性杂。

防治方法：做好栽培区域四周清洁卫生，在菇房走道和角落撒上石灰，切断其通道；在夜间用应急灯或电筒照射，抓拿成虫；当虫口密度大时，竹荪采收后喷施500~1 000倍菇净。可驱杀成虫。

5. 白蚁　白蚁属等翅目，白蚁科。主要蛀食培养料，影响菌丝生长，菌球生长期会咬断菌索，造成大面积减产。

防治方法：排水沟内长期灌水，阻隔白蚁通道；用配制好的灭蚁剂喷施蚁巢，其配方：亚比酸46.0%、水杨酸26.0%、滑石粉32.0%，每巢撒6~15毫升；选用灭蚁灵饵剂诱杀。

6. 螨虫　螨虫一般肉眼不易看见，隐蔽性强，易暴发。螨虫对竹荪气味反应十分灵敏，菌种一播下就会从伏处聚集到菌种周围，舔食菌丝，迅速繁殖，造成播种后不见菌丝生长，情况严重的，1～2周内造成菌种大面积死亡。

防治方法：无论在室内或室外大田栽培都必须注意清除菌螨根源，如容易寄生菌螨的废料、秸秆，残碎菇屑等都应清除干净；作好栽培料和栽培场地清洁消毒工作；出菇期出现螨虫为害时，应及时采摘可采的竹荪，然后用菇净1 000倍喷雾，过5天左右再喷一次，连续2～3次可有效地控制螨虫为害程度。

十二、其他栽培模式

1. 野外仿原生态栽培　选取砍伐2年以上的毛竹，在其旁边上坡方向挖一个穴，宽5～6厘米，深20～25厘米，穴内填入腐竹叶，厚5厘米，播一层菌种后，再填一层10厘米厚的腐竹叶，再播一层菌种，照此播2～3层。最后用腐竹叶和挖出来的土壤覆盖2～3厘米厚，轻轻压实。若土壤干燥，浇水增湿，上盖杂草、枝叶遮阳挡风，保温保湿。

林地栽培竹荪完全靠自然环境条件。春季3～4月播种为宜，竹荪不耐旱、也不耐渍，因此穴位四周排水沟要疏通，干旱时要浇水，培养料含水量60%～65%，冬季要每隔15～20天浇水一次，夏季3～5天浇一次，发现覆土被水冲走要及时补充，每年必须砍一定量的竹子，增加腐殖质，每年冬季要清理一次，除掉杂草，疏松土壤，使菌丝得到一定的氧气，有利于子实体正常发生。

竹荪仿原生态栽培

2. 大田套种模式　在畦两旁套种有遮阴效果的农作物或果树，

目前较为成功的是套种大豆、玉米、水稻、桑和葡萄等，此种方法利用农作物或果树枝叶的遮阴效果来栽培竹荪，可节省竹荪野外栽培搭棚的费用，提高土地的利用率。

　　竹荪与大豆套种：首先，大豆田整地作畦，畦宽65～70厘米，高10～12厘米，然后铺料播种，待竹荪播种覆土后15～20天（清明前后），开始在畦边半腰打孔直播大豆种，也可以育苗移栽，每畦两边都种，"品"字型排列，以利通风透光。出荪管理同前。

竹荪与大豆套种　　　　　　　　竹荪与玉米套种

第五节　平菇（秀珍菇）

　　平菇，又名糙皮侧耳，为伞菌目、侧耳科。平菇是我国栽培量最大的食用菌，产量占食用菌总产量的20%～25%，已经成为居民日常生活的大众蔬菜。

　　秀珍菇，中文学名环柄香菇。生物学特性、栽培方法与平菇相比既有很多的相似之处又有显著的特点。与平菇相比，秀珍菇质地脆嫩，尤其是菌柄纤维化程度低，口感爽滑，形状美观，近几年栽培重点正由传统的大朵平菇向秀珍菇转化，尤其是大中城市周边，多以秀珍菇栽培为主，并呈现集约化生产趋势。

一、生物学特性

（一）形态特征

平菇菌丝体洁白浓密，在试管中有爬壁现象，在培养料中生长速度快，秀珍菇比平菇菌丝略弱。

平菇子实体菌盖呈扇形，颜色有白色、灰色、黑色、红色等，菌柄短，秀珍菇多为褐色，菌盖近圆形，菌柄长。

（二）生长环境要求

我国各地均可在菇房、菇棚或防空洞内栽培。

1.营养 平菇和秀珍菇属于木腐菌，生活力强，对基质的要求相对粗放，但菌丝体和子实体的长势及产量都与培养料有密切关系，其营养物质大致分为碳源、氮源、矿物质元素和生长因子。碳源主要来自各种富含纤维素、半纤维素、木质素的材料，如棉籽壳、玉米芯、甘蔗渣、豆秸等。氮源主要包括铵盐、硝酸盐在内的无机氮和各种有机氮，如尿素、豆粉、麸皮、米糠、畜禽粪便等。微量元素包括钙、镁、钾、磷、硫、铁、锰、硼、铁、铜等。

2.温度 不同的品种对温度的要求不同，一般菌丝体可生长温度范围为 5 ～ 35℃，最适温度范围为 22 ～ 25℃，出菇温度范围为 5 ～ 33℃，大多数品种最适出菇温度为 10 ～ 25℃。

3.水分 水分是平菇和秀珍菇的重要组成部分，在菌丝体生长阶段，培养料含水量和养菌阶段的空气相对湿度为60% 左右为宜，子实体发育期培养料含水量60%、空气相对湿度90% 左右为宜。

4.光照 菌丝体生长阶段不需要光线，在原基分化和子实体生长阶段需要散射光。

5.空气 平菇和秀珍菇属于好气型食用菌，菌丝体阶段，发菌室需要适当通气，保持氧气充足；子实体形成阶段必须有充足的氧气，二氧化碳含量不宜超过0.15%。

6.酸碱度 平菇和秀珍菇菌丝体在培养料pH5 ～ 9范围内均可生长，最适为pH5.5 ～ 6，在菌丝生长过程中，培养料pH值会逐渐下降，所以配置培养料时偏碱（pH 8左右）为好。

二、主要栽培品种

一般根据出菇温度范围不同，将平菇划分为中低温型、高温型和广温型等，高温型一般为20～35℃，中低温型一般为10～25℃，广温型一般为15～30℃。温型的划分不是绝对的，一般随着温度的升高，菌盖颜色会变浅，生产上可以根据不同的区域、不同的季节选择不同的菌株。秀珍菇一般有耐低温和耐高温两种品种。

（一）高温型平菇

1.苏平1号　由江苏省农业科学院食用菌研究室选育而来，适合全国各地平菇主产区夏秋季栽培。菌丝最适生长温度24～28℃，子实体最适温度16～30℃，极限出菇温度35℃，菇盖喇叭状，白色，偏薄，菇柄长度中等，在适宜栽培条件下生物转化率100%。

苏平1号，耐高温，在控温较好的菇房内夏季可以出菇

2.鲍鱼菇　江苏省农业科学院食用菌研究室选育而来，适合全国各地平菇主产区夏秋季栽培。菌丝生长温度16～33℃，最适宜温度25～28℃，子实体发生温度20～34℃，最适宜温度为25～30℃，子实体单生或丛生，菌盖宽4～15厘米，灰褐色至黑褐色，菌肉厚实，菌柄短、致密，灰白色。

鲍鱼菇耐高温的黑色品种，菌肉厚实

（二）广温型平菇

1.杂交3号　由江苏省农业科学院食用菌研究室选育而来，适合全国各地平菇主产区夏秋季栽培。菌丝生长温度16～33℃，最适宜

温度22～26℃，子实体发生温度10～32℃，最适宜温度15～25℃，菇体丛生，菇盖灰白色、稍厚，菇柄短、白色，适宜生长条件下生物转化率130%。

杂交3号，出菇温度范围广，产量很高

（三）中低温型平菇品种

1. 苏平5号　江苏省农业科学院食用菌研究室选育，适合全国各地平菇主产区秋冬春季栽培。菌丝生长温度16～30℃，最适宜温度22～25℃，子实体发生温度5～30℃，最适宜温度15～22℃，耐低温，菇体丛生，菇盖灰白色、厚，菇柄短、白色，适宜生长条件下生物转化率130%。

苏平5号，耐低温，产量高的浅灰色品种

2.黑平－01 上海市农业科学院食用菌研究所经过选育驯化而来，适合全国各地平菇主产区秋冬春季栽培。菌丝最适温度22 ～ 26℃，出菇温度范围5 ～ 28℃，最适出菇温度10 ～ 25℃。子实体丛生，温度高时菇体灰色，低温条件下菇体黑色、肉质厚。生物学效率130%左右。

黑平－01，耐低温的黑色品种，肉厚，产量高

（四）秀珍菇品种

1.台湾秀珍菇 引自台湾，适应秀珍菇各个栽培区，有适宜的温差刺激，出菇会整齐且转潮快。适宜出菇温度15 ～ 25℃。菌盖茶褐色、厚实，采收期菌盖直径约3厘米，菌柄细长，长度5 ～ 7厘米，菌柄直径约0.8厘米。

台湾秀珍菇，菌肉厚菌盖扇形，温差刺激栽培转潮快

2.苏夏秀1号 江苏省农业科学院食用菌研究室选育而来,适合我国秀珍菇产区全年栽培。出菇温度范围15~32℃,最适温度20~25℃,能够在保温性好的菇房内夏季生产,朵型圆整,菇质脆嫩。采收期菌盖直径约3厘米,菌柄细长,长度5~7厘米,菌柄直径约0.5~1.0厘米。温度低时菌肉厚实,温度高时菌盖稍薄。是耐高温的秀珍菇品种,生产过程中不需要温差刺激也可以出菇整齐、潮次明显,如果适当的温差刺激,出菇会更加整齐。

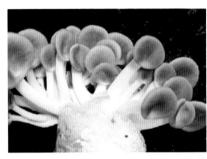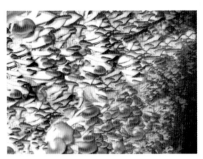

苏夏秀1号,菌盖近圆形,耐高温,不需要温差刺激即可
实现较高产量和整齐出菇

三、菇房建造与设施配置

(一)栽培设施

塑料大棚:大棚宽6~10米,长20~60米,顶高3米左右,覆盖农膜和遮阳网以及草帘子。

钢架大棚   土质菇房

此外，在砖质或土质菇房、闲置的农舍等场所保证适当的通风换气即可栽培。

（二）配套设施、材料

1.棚膜　常用的是PE膜（聚乙烯膜）。

2.遮阳网　选用遮光率高的遮阳网。

3.遮阳材料　黑色遮阳网效果较好。

4.保温材料　常用的是草帘子，价格便宜，保温性好。此外，还有一些化学纤维的保温被，材料轻，寿命长，但价格贵一些。

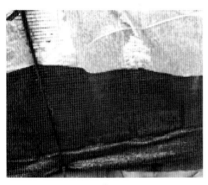 

黑色遮阳网　　　　　　　　　　无纺布保温材料

草　帘　子

5.摇臂　用于需要时卷起裙膜通风。

6.防虫网　宜选用80目的防虫网覆盖大棚，可有效减少病虫源。

7.喷淋设施　低压管道系统，实现菇棚内水分喷洒均匀。

喷淋设施

四、原料选择与配方原则

选择新鲜无霉变、无虫卵的农作物秸秆、棉籽壳、玉米芯颗粒、麸皮、豆粕、玉米粉等材料，大块的原料使用前需要粉碎成合适的

拌料前木屑先过筛

大小。配方一般按照当地的资源特色因地制宜。

大段的材料如玉米芯、秸秆等，需要提前粉碎成黄豆粒大小或者粉状，玉米芯、稻草、麦秸、豆秸等需预先粉碎。拌料前木屑先过筛，以免有棱角的颗粒刺破菌袋。

培养料需提前浸泡预湿

玉米芯颗粒等培养料需提前浸泡预湿，浸泡时间以夏季 2 ~ 3 小时为宜，其他季节预湿浸泡一夜，第二天早上使用。

按配方称取各培养料，放入拌料机或者堆在拌料场上，将石膏、石灰等放入水中，按照料水比 1 : 1.2 ~ 1.3 加水，充分搅拌混匀。培养料含水量用手握法测定：用手紧握一把培养料，指缝处有水滴渗出，但不下滴为宜。

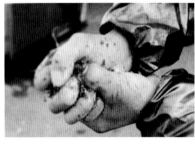

培养料含水量用手握法测定

生产上常用的配方主要有以下几种：

棉籽壳 98%，石灰 2%；

棉籽壳 80% ~ 90%，麸皮 8% ~ 18%、石灰 2%；

玉米芯 40%，棉籽壳 43%，麸皮 15%，石灰 2%；

稻草筋 20%，玉米芯 60%，麸皮 10%，玉米粉或黄豆粉 8%，石灰 2%；

玉米秸粉 30%，棉壳 60%，麸皮或玉米粉 8%，石灰 2%；

棉籽壳 50%，草菇废料（棉籽壳为培养料）38%，麸皮或玉米粉 10%，石灰 2%。

在以上配方中，需另加辅料磷酸二氢钾 0.2%、硫酸镁 0.2%，用以补充钾和镁的微量元素。

将所选配方的材料称量好，放入拌料机，加入 1.2 ~ 1.3 的水分，搅拌均匀。

拌料机拌料

五、播种发菌

1. 装袋、接种 栽培用的出菇袋子根据生产季节选用宽17厘米、20厘米或22厘米的聚乙稀料袋，袋子厚度2.5～5丝，袋长40～50厘米，在夏季或早秋进行打包生产时，由于温度较高，一般选用较小口径的袋子，防止内部温度不易散发造成菌丝受高温而"烧"死。

装袋的同时进行接种，菌种扒成玉米粒至豌豆粒大小，先在筒袋中加入1层菌种，装入约1/3袋的培养料，播入第2层菌种，然后再装入约1/3袋的培养料，播入第3层菌种，然后将培养料装满袋，播入第4层菌种，播种量约为15%，袋口用绳扎实或者套上套环后用牛皮纸或报纸覆口，在菌袋外侧接种层的部位用缝衣针转圈刺20个左右的孔，以利排热和散气。

装 袋

刺 孔

2.发菌　接过种的菌袋，有条件的栽培者放置于整洁、通风、干燥的培养室中培养，亦可以根据栽培条件直接放于大棚内遮光发菌，发菌环境20～25℃。温度较高时以井字形排列，及时通风降温，经常检查菌袋，防止袋内温度超过33℃烧死菌种，温度超过30℃要及时疏散袋子使之尽快散热降温。发现有污染菌袋应及时清除，同时注意防止多菌蚊或菇蝇钻入袋内产卵为害，见到有虫害时及时在袋口处喷杀虫剂菇净1 000倍液，发菌袋一般在30天菌丝发满。

六、出菇管理

当菌丝发满菌袋约一周左右，袋口处菌丝增厚，出现原基时即可开袋进入出菇管理阶段。大棚地面栽培时菌袋码成墙式，两头出菇，地面用砖头将第一层垫高一点，一般堆放5层。直接扎口的菌袋剪掉袋口或者解开扎绳将袋口翻卷；用套环加纸覆口的，将纸和套环去掉，割掉袋口或将袋口翻卷。出菇环境的空气湿度保持在90%左右，温度适合所选菌种的出菇温度，如果夏季温度过高，及时开门窗或采用适当的制冷措施降温。

层架式栽培

垒墙式栽培

平菇子实体

生料袋栽第一潮菇采收后，停止喷水3天，降低空气湿度至70%左右，可以地面浇水保持空气湿度，等出菇口菌丝密集，出现原基时再开始浇水，提高空气湿度，促进菇体生长。当菌袋出过二潮菇后，菌袋内水分损失较多，养分减少，在温度低于20℃状况下，可适当向菌袋内补水和补肥。具体做法：用0.5%葡萄糖、磷酸二氢钾0.2%、硫酸镁0.2%、硫酸锌0.2%溶于水中，注入菌袋内，这样既补水又补肥。一般生料栽培可采收4潮菇，平均生物转化率比熟料栽培低10%～20%。

七、产品保鲜

平菇生长速度较快，一般在开袋10天内采收第一潮菇，在菇体长至七成熟时应及时采收，采收前一天不浇水，平菇采收时一手扶住菌袋，一手握住菌柄，轻轻一旋，尽量不要采断菇柄，也不要带太多的培养基下来。平菇采下后轻放于筐内，不挤压、不密封，及时送市场销售。

采　菇

由于平菇和秀珍菇相对于其他蔬菜保鲜期短，一般3天内要到餐桌，所以应尽快上市销售，对于不能及时上市销售的需要4℃低温冷藏，运输过程最好采用冷链车，保藏环境空气相对湿度控制在90%左右。

为了延长保鲜期，栽培时选择菇盖厚实、比较容易储藏的品种；

栽培过程中合理喷水，不对菇体直接喷水，控制病虫害发生，减少感染病害的机会，生产出优质平菇或秀珍菇；采摘前停止浇水，适当降低空气相对湿度，并做到及时采收，剔除染病或者被虫叮咬的破损菇体。

八、病虫防控

平菇一年四季均可栽培，病害种类也较多，主要病害有竞争性杂菌、黄菇病、细菌性腐烂病、环境不适导致畸形等。主要虫害有菇蚊、菇蝇、跳虫等。

（一）病害

1.竞争性杂菌　主要有木霉、根霉、曲霉、链孢霉、毛霉等。

在发菌阶段，这些杂菌从袋破处进入培养基，以生长优势抢先在培养基上生长，并分泌毒素抑制平菇菌丝生长，杂菌的孢子形成就能迅速传播，导致整个发菌和栽培环境被污染。

绿色木霉侵染

细菌侵染

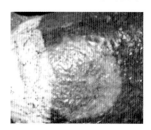

根　霉

链孢霉

黄曲霉

防治方法：

（1）保持场所环境清洁干燥，菇房保持通风。

（2）灭菌彻底，封密冷却，低温接种，恒温发菌及时接种。

（3）适当增加用种量，以种量多和加快发菌速度占领培养料。

2．出菇期病害

（1）黄斑病：当棚内菇袋数量过多、水分过大、通气不良或遇到高温时经常发生。发病菇体呈黄色、水渍状，但不发黏、不腐烂，尤其是黑色平菇出现黄斑后色差明显。

黑平菇体黄斑病

白色平菇黄斑病

（2）细菌性腐烂病：尤其在生料栽培时或熟料栽培灭菌不彻底时多发。培养料内有大量有害细菌繁殖，平菇菌丝生长易受抑制，若在平菇菇体成长期受到细菌侵染后，菇体呈水渍状、发黏，进而腐烂发臭。

秀珍菇黄斑病

（3）细菌性褐斑病：又称细菌性麻脸病、斑点病。菌盖表面发生暗褐色小点或病斑。发病初期颜色较浅淡，逐渐发展成为暗褐色病斑。严重的导致菇体畸形、产生褐色黏液和散发出臭味。

防治方法：按季节选用适宜的品种，菌袋经高温灭菌、适温出菇。使用洁净水拌料，适当控制发菌期培养料中的水分。保持菇房通风，适当降低菇棚空气相对湿度，浇水时防止菌袋内积水。及时摘除病菇，停止浇水，喷施5%的石灰水或1 500～2 000倍的农用链霉素，控制病害蔓延。

3.**畸形菇**　在菌丝和子实体成长期间，因温度不适、缺氧或施用了容易致畸的药剂，导致菇体变色或畸形。原基死亡、菇体畸形或长期不出菇，如用硫黄熏蒸菌种，极易造成菌种死亡；甲基托布津和百菌清等农药杀菌性很强，过量使用易抑制菌丝生长；在出菇期喷施敌敌畏容易致畸。

缺氧引发畸形和烂菇　　　　　　　　药物致畸

防治方法：

（1）选择出菇温度与季节气温相适应的品种，选择安全的专用型农药进行对症下药，严格掌握用药时间和剂量。

（2）若发现缺氧症状应及时加强通风，保持氧气充足，对无恢复可能的畸形菇及时摘除，培养下潮正常的菇体。

（3）一旦出现药害要用清水多次冲洗料面，及时摘除受害菇体，争取下潮菇正常生长。

（二）虫害

平菇和秀珍菇栽培中出现的虫害有菇蝇、菇蚊和跳虫等种类。

害虫取食平菇的菌丝和菇体，造成菌丝消失、培养料松散、菇袋被杂菌污染。菇片咬成缺刻、孔洞并污染上粪便，虫害造成菇体品质下降、产量降低，严重时绝收。

菇蚊取食平菇的菌丝

跳虫取食平菇的菌丝

菇蝇蛆食菌袋菌丝

70目防虫网大棚

防治方法：

（1）在大棚上覆盖70目防虫网隔离虫源，防止菇蚊和菇蝇成虫飞入大棚袋内产卵；出菇期大棚内挂黄色粘虫板或诱虫灯可以有效杀灭菇蚊成虫，减少下一袋虫口数量，也就减轻虫害。

粘 虫 板　　　　　　　　诱 虫 灯

（2）当菇蚊或菇蝇的幼虫大量发生时，可用杀虫剂菇净或甲阿维菌素等低毒农药，稀释1 000倍，对菌袋和棚内空间喷雾，注意在出菇期间禁止使用农药。也可使用生物农药苏云金杆菌以色列变种（简称BTi），以每平方米2克喷洒为宜。间隔6天再次施用，在菇蚊为害期可以多次施用，此生物剂没有农药残留，对人体和环境安全。

九、平菇、秀珍菇栽培

1.培养料配方

棉籽壳30%，杂木屑35%，稻草或者麦秸粉15%，麸皮或者米糠12%，玉米粉或者黄豆粉5%，石灰2%，石膏1%。

棉籽壳30%，玉米芯30%，杂木屑20%，麸皮或米糠12%，玉米粉或者黄豆粉5%，石灰2%，石膏1%。

棉籽壳30%，甘蔗渣或麦秸粉30%，木屑20%，玉米粉或者黄豆粉5%，石灰2%，石膏1%。

2.装袋

栽培用的出菇袋根据制袋季节选用宽17厘米、20厘米或22厘米的聚乙稀或聚丙烯袋子，厚度一般为2.5丝或3丝，袋长40～50厘米，在夏季或早秋进行打包生产时，由于温度较高，一般选用较小口径的袋子，防止内部温度不易散发造成菌丝烧死。

不用套环生产的栽培者，装袋前事先将筒袋一端用绳扎紧，将拌好的培养料从袋子另一端装入袋中，均匀压实，两端扎口。用套环生产的栽培者，先在筒袋中装入少许培养料，套上套环，袋口向下翻，在套环口敷上牛皮纸或3层报纸，扎好，然后从另一端继续装入培养料，边装边压实，这一端也套上套环，用纸覆好，扎牢。

手工装袋   卧式装袋机装袋

3. 进锅灭菌　将装料的菌袋整齐地摆放在灭菌器中，高压灭菌达到121℃，维持3～4小时；常压灭菌到达100℃，维持10～12小时。

高压灭菌器内　　　　　常压灭菌　　　　　常压灭菌菌包排放
菌包排放

4. 出锅冷却　灭菌完毕待高压锅内压力为零，放尽余气后开启锅盖，将菌袋运到冷却室冷却。冷却室要求宽敞、整洁、与接种室相邻，出锅前一晚需要用甲醛+高锰酸钾熏蒸。部分地区栽培者直接在大棚接种帐内接种，在出锅前一晚将大棚用敌敌畏或甲醛+高锰酸钾熏蒸灭菌、杀虫。

5.接种　栽培者根据不同的季节安排不同温性的菌种生产。待菌袋温度降至室温后开始接种，生产中有的在接种室内接种，有的在大棚内自制的接种帐内接种，不管采取什么场所，接种环境必须具有良好的密闭性，有缓冲间，接种人员进入时洗手、更衣，接种前先用75%的酒精擦拭双手和菌种外壁，用酒精灯灼烧菌种袋扎口处和接种工具，将菌种的老菌皮扒掉，菌种扒松至玉米粒大小，接到培养袋的两端，快速用灭菌过的棉团塞在袋口内，然后用绳扎紧袋口，或在套环上覆盖灭菌过的报纸，并扎紧袋口。

大棚开放接种　　　　　　　　接种箱接种

6.出菇管理　平菇每潮菇采收结束后清除掉残菇和死菇，防止腐烂造成感染杂菌，停止对菇袋喷水3天，但要保持空气湿度，注意地面保湿，待菌丝恢复后再进行料面的喷水，在转潮期主要是温湿度保持，以利于菌丝恢复，同时防止杂菌和虫害侵染，一般10～15天可以采收第二潮菇。经过3潮菇后，培养料中的水分严重下降，及时补水可以提高下潮菇的产量，在最高气温低于20℃的情况下，用注水器注水或将菌袋放入水池中浸泡，过夜后捞出重新排袋、管理出菇。

7.产品保鲜　秀珍菇菇盖如一元钱硬币大时应及时采收，否则长大了就只能当作平菇销售。高温期生长快，每天要采收2～3次，采收时一手按着菌袋，一手握住菌柄，轻旋采下及时送市场销售，或者修剪后立即进入保鲜冷库，降温到4～8℃。秀珍菇采摘时也可以直接用剪刀将菇剪下，再及时清除料面的残根和死菇。菇根修剪后，轻放于筐内，或用40～60厘米聚乙烯内包装袋，每袋子装2.5～3千克，用家用吸尘器抽去空气，扎紧袋口，存放在食用菌专用泡沫塑料箱中，不挤压。立即放入4℃的冷库。

采收后的秀珍菇   修剪秀珍菇的菇根

第六节　香　　菇

　　香菇，又名香草、香蕈、花菇、冬菇、花冬菇、明花、天白花菇、暗花、过雨花、伞花菇、平庄菇、曝花菇、极新菇等。

　　我国是世界上最大的香菇主产国，经历了3次重大技术改革，进一步推动了中国香菇业的快速发展，产量占全球香菇总产量的70%，2009年全国香菇总产量达到了342.5万吨。我国首次超过日本香菇出口量成为香菇出口大国。最近十年，福建、浙江等传统香菇主产区稳定发展，湖北、河南、辽宁等省得到快速发展。

　　我国的香菇产品多以干、鲜销售为主，产品形式单一，精深加工水平极为落后，附加值低。在香菇休闲食品加工技术、香菇保鲜技术以及香菇有效成分提取物为基源的保健食品、化妆品、畜禽免疫增强剂等新产品的研究开发等方面都具有很好的发展前景。

一、生物学特性

（一）形态特征

　　香菇由菌丝体和子实体两大部分组成。菌丝体是香菇的营养器官，菌丝白色，绒毛状，有横膈膜和分枝，细胞壁薄，直径2～4微米。香菇菌丝体有初生菌丝、次生菌丝和三次菌丝之分，菌丝不断生长发育，并相互集结为菌丝体，呈蛛网状，能不断分解基质，从中吸取营养供香菇生长发育需要。

子实体是香菇的繁殖器官，能产生大量担孢子。子实体由菌盖、菌褶、菌柄等组成。香菇子实体单生、群生或丛生，菌盖直径5～12厘米，最大可达20厘米，扁半球形，后渐平展，肉质厚，白色。菌褶是孕育担子的场所，位于菌盖下面，有菌柄，向菌伞边缘放射状排列，色白、稠密而柔软，呈刀片状或锯齿状，受伤后会产生斑点，生长后期变成褐色，宽3～4厘米。菌褶表面着生子实层，褶上生有许多棒状的担子，每个担子顶端有4个小梗，每个梗上着生1枚孢子，即4枚不同交配型的孢子，孢子印白色。孢子无色，光滑，椭圆形，4.5～5微米×2～2.5微米，缘囊体近棒形，宽9～14微米。菌褶与菌柄着生处为弯凹，称为凹生，是分类学鉴定的重要形态特征。菌褶幼嫩时呈白色，干燥时呈淡黄色，如果干制加工或储存不当，菌褶呈褐色或黑色。菌柄弯生，白色，内实，半肉质至纤维质，常弯曲，柄一般长3～8厘米，直径0.5～1厘米，是支撑菌盖、菌褶和疏松养分的器官，菌柄中下部覆有鳞片。

（二）生长发育条件

1. 营养

（1）碳源：香菇菌丝可广泛利用多种碳源，包括果糖类、双糖类和多糖类。单糖类如葡萄糖、果糖等最容易被香菇菌丝吸收利用；双糖类如麦芽糖、蔗糖等次之；木糖、甘露糖、核糖等几乎不能被利用。香菇菌丝虽不能直接吸收利用木质素、纤维素、半纤维素等，但可由菌丝分泌各种酶将这些物质分解成小分子化合物，再加以利用。烃类化合物、乙醇、甘油等也能被吸收利用。然而，大多数有机酸中的碳源不能被利用，且对香菇生长发育有害。在制备天然培养基时，一般需加酵母浸膏、麦芽浸膏、马铃薯、玉米粉或可溶性淀粉为碳源。

（2）氮源：香菇菌丝可吸收利用某些有机氮，如蛋白胨、L-氨基酸、尿素等，也能利用铵态氮，如硫酸铵，但不能利用氧化态氮，如硝态氮和亚硝态氮。此外，有机态氮如组氨酸、赖氨酸等也不能被香菇菌丝吸收利用。香菇生长发育所需的最适氮源浓度是：营养生长阶段，培养基中含氮量0.016%～0.064%，低于0.016%，菌丝生长受影响；子实体发育阶段，培养基中含氮量0.016%～0.032，高浓度的氮反而对香菇子实体分化和生长不利。

碳源和氮源的比例即碳氮比（C/N）是香菇生长发育中的一个重要营养指标。在菌丝营养生长阶段，碳氮比保持在25∶1～40∶1为好；生殖生长阶段，最适碳氮比为63∶1～73∶1。氮含量过高会抑制原基分化，而原基发育成子实体的能力取决与培养基中的碳源和较高浓度的糖。当蔗糖的浓度达到8%时，子实体发生良好，此时氮源的浓度以不超过0.02%为好。

（3）矿质元素：香菇所需的矿质元素主要有磷、硫、钙、镁、钾等，这些元素或直接参与细胞形成，或参与保持细胞渗透压平衡，保证新陈代谢的正常进行。对微量元素铁、铜、锌、锰、钴、钼等需求量甚微，但他们是酶的基本组成成分或激活剂，也是香菇生长发育所必需的。过量硼能抑制香菇菌丝生长，工业用硫酸镁中往往硼超标，在香菇培养料中添加硫酸镁时需控制用量。在浓度适合的培养基中，有铁、锰、锌存在时，再添加铜、钴和钼，也能促进香菇菌丝生长。锡和镍离子可促进子实体产生，锰离子吸收太多可能导致子实体畸形。

（4）维生素类：香菇菌丝本身不能合成维生素B_1，只能从培养基中吸收利用。适合香菇菌丝生长的维生素B_1的浓度为每升培养基100微克。严重缺乏维生素B_1，香菇生长迟缓，甚至停止生长。

除上述营养物质外，培养基中如添加腺嘌呤、胞嘧啶等可促进菌丝生长；三十烷醇、吲哚乙酸、赤霉素等生长调节类物质对菌丝生长也具促进作用。

在香菇段木栽培中，韧皮部和木材的外缘营养最丰富，因此含有丰富营养物质的边材越发达，对菌丝生长和子实体大量发生越有利。在代料栽培中，培养基的营养组成不仅要满足菌丝生长的需要，更重要的是必须满足栽培后期子实体发育的需要。

2.水分 在不同的发育阶段，香菇对水分的要求是不同的。培养料的含水量以55%～60%为宜，发菌期水分以60%～65%为宜，水分太少，菌丝生长停止，水分太多，不利于发菌。出菇期菌棒中的水分应保持在60%～70%，菌丝才能转化为子实体。在栽培管理上，水分调节可保证出菇期的质量和产量。

3.温度　香菇属低温和变温结实性菌类，适宜的温度是香菇正常生长发育的重要条件。香菇菌丝生长适宜温度为5～32℃，最适温度为24～27℃，在此最适温度下，香菇菌丝生长旺盛，色泽洁白而粗壮。总的来说，香菇菌丝耐低温，不耐高温。越冬时在－10～－8℃条件下，经30～40天仍可存活；高温时，菌丝生长快，但容易衰老。适宜香菇原基分化的温度为8～21℃，以10～15℃分化为最适，分化最适温度因香菇菌株的不同而存在着较大差异。子实体发育温度条件为5～24℃，适温为15～20℃。从原基发育成子实体的适温为15℃±（1～2）℃，以温差8～10℃为最佳。香菇子实体的形状和产量也会受产菇期间温度的影响。一般来说，低温性品种在低温条件下发生的子实体质量好，高温性品种在高温条件下出菇好；同一品种，在适温范围内，温度较低时，子实体发育较慢，不易开伞，质量较好。

4.空气　香菇属好气性真菌，足够的新鲜空气是保证香菇正常生长发育的重要环境条件之一。空气不流通、不新鲜、氧气不足，香菇的呼吸会受到阻碍，菌丝的生长和子实体发育也就受到抑制，导致死亡。缺氧时，菌丝酶借酵解作用可暂时维持生命，但要消耗大量的营养，菌丝易衰老死亡。在通风良好的场所栽培香菇，才能满足香菇生长发育对氧气的需要。

5.光线　香菇属需光性真菌。强度适宜的漫射光是香菇完成正常生活史一个必要条件。在菌丝营养生长阶段，完全不需要光线，光线会抑制香菇菌丝的生长。长时间光照后，香菇菌丝会产生特殊的反应，菌种表面产生褐色的菌皮，随着光照度的增加，生长速度会下降。相反，在黑暗条件下菌丝生长快，但只有营养生长，子实体的分化和生长发育需要光线。

6.酸碱度　香菇菌丝在pH3～7之间都能正常生长，菌丝生长阶段以pH6～7为宜，在出菇期pH3～5为宜。一般原料中

pH5 ~ 6，不需进行调整。

总之，在培养条件完全满足的情况下，决定能否进入结菇阶段的主要因子是温度、湿度和光照，原基形成后，能否继续发育长大，关键是能否保证通风换气，同时又需要适当的相对湿度和光照。因此，在栽培实际中，应尽量满足适宜香菇菌丝和子实体生长发育的环境条件，才能获得优质高产。

二、主要栽培品种

为合理有效地利用栽培资源，迟熟优质菌株已成为当前香菇的当家品种。现将一些较优质代料栽培菌株的特性介绍如下：

1.L135 从椴木种中选育出的迟熟型菌株。发菌期长达210天，出菇温度8 ~ 22℃，属春种秋收、中低温菌株，菇体圆整，菌盖肥厚、单生，菇盖直径8 ~ 12厘米。作为优良花菇品种使用，花菇率较高。

2.L103 从椴木种中选育出的中迟熟型菌株。发菌期长达160天，出菇温度8 ~ 25℃，属春种秋收、中低温菌株，菇体圆整、单生，菌盖肥厚。作为优良花菇品种使用，花菇率较高。

3.L241−4 属中温偏低型菌株。出菇温度为8 ~ 25℃，发菌期达100天，属春种秋收的菌株。菇体大多数单生、圆整，直径6 ~ 10厘米，菇体含水量较少，子实体结构紧密，易于加工处理，产量稳定在80%以上。此菌株是多年来南方地区的当家品种之一。

4.L26 属中高温型早熟型菌株。出菇温度10 ~ 30℃，菇型大朵，直径7 ~ 15厘米，圆整、肥厚，产品适合鲜销和制干品。较适合反季节栽培，在高海拔区夏季出菇，是目前福建等地春夏、初秋的主要当家品种。

5.苏香 无锡微生物所选育出的中高温型早熟菌株。出菇温度10 ~ 30℃，朵型完整，菌盖直径5 ~ 10厘米，发菌期60天左右，出菇潮次明显。在江苏一带可作为初秋鲜销当家品种。

6.Cr02 三明真菌所用单孢杂交方法育出的早熟高产中温型菌株。出菇温度10 ~ 25℃，发菌期短，菇潮次明显，出菇朵型小，朵数多，菇体丛生，因而质量较差，适宜鲜销。

三、菇棚建造与设施配置

根据栽培地气候特点和自然条件，香菇出菇棚的建造也各不相同，有大田荫棚、半地下式菇棚、塑料大棚、仿生菇棚、平顶荫棚等不同形式的出菇棚。

1.大田荫棚

场地选择：菇场应选择背风向阳、水源丰富又不积水、交通方便、环境清洁的地方。每亩可放菌棒8 000～10 000袋。

筑畦：排放香菇菌棒的畦床宽1～1.4米，畦面压紧，稍稍拱起，以防积水。每排可放菌棒7～10袋，床高25厘米，长度以10～15米为宜。畦床之间设通道，宽60厘米左右，浸水沟设置在栽培场中间。地下水位较高的菇场，浸水沟设置在栽培棚外两侧。

搭制菇架：沿菇床两边每隔2.5米打一根木桩，然后用木条或竹竿顺菇床边架在桩上，形成两条平行杆。在靠顶端处排放直径2～3厘米、长比菇床宽10厘米的木条或竹竿作横档，供排放菌棒用。搭架后，在菇床两旁每隔1.5米插上横跨床面的拱形竹条，作为拱膜架，供罩盖塑料薄膜用。

搭盖荫棚：用毛竹、小杉木等材料搭成高2.2米的菇棚，支柱位置设在走道旁。在棚顶上铺稻草等遮阳物，使菇棚内有散射太阳光，菇棚四周用稻草、蔗叶等围好，以避风保湿。

2.半地下式菇棚

场地选择：菇场选在日照长、通风良好、水质洁净、灌水、排水方便的水田。

筑畦：菇床长20米，宽1.1～1.2米，高35～40厘米，菇架高20～25厘米，架距25厘米。菇床底部中间开一条小水沟，床底略斜。

搭制菇架：在大田上划出菇床的位置，把床内的泥土铲起垒实，作为走道。走道宽40～50厘米，挖土深10厘米。床底水沟深5～7厘米，宽6～8厘米，床底及四周夯实拍平。进水口略高于出水口。在菇床两边每隔25厘米横插一条竹竿或木棒，作菇架。

制作遮阳物：在菇床上部每隔1米插一根长2米、两头削尖的拱形竹片，两头插入土中。在竹片上覆盖2米宽的塑料薄膜和草帘，全部将菇床盖好。

3. 塑料大棚

场地选择：选择光线充足、靠近水源、地势平坦、交通方便、土壤透气保湿性能好、洁净通风的地方。

大棚搭建：大棚长25米、宽5米、高2.6米，可用毛竹、铁丝、大棚薄膜和遮阳网等材料搭建。大棚搭好后盖上薄膜，两侧用土压紧，然后盖上遮阳网。

筑畦：每棚菇床分两畦，两边宽1.5米，中间1米。保湿差的地块用凹畦，保湿好的用凸畦，畦面压实。

搭制菇架：用竹木搭制菇架，可采用大田荫棚式菇架搭建的方法，在高30厘米的两行木架上每隔20厘米放一根横档，固定好供菌棒摆放，每隔1.5米设一横跨畦面的拱形竹片，用于覆盖小棚膜。

4. 仿生菇棚 菇棚一般分内棚和外棚，外棚用于遮阴，内棚用于排放菌棒。

搭建外棚：外棚用竹木等原料搭成，大小随栽培量而定。棚高2.2～2.5米，立柱间隔3～4米，菇棚为方形，用野草、遮阳网等遮阴。

搭建内棚：畦床宽1.2～1.4米，长度不超过30米。两床之间留50厘米的通道。在畦床两侧每隔2～2.5米处打一根木桩，然后用两根木条直架在木桩上，固定，每隔20～25厘米横向固定一根与畦床同宽的木条或竹条，排放菌棒。床架搭好后，在畦床上每隔1.5米架一条拱形竹片，用于盖膜。

5. 平顶荫棚

场地选择：选择在海拔500米以上的山区田块，水源充足，水温凉爽，排灌方便，地势平坦，通风良好，坐西北朝东南，日照时间短，避开西晒、日夜温差大的地方。

菇棚搭建：棚高2.5～3米，棚顶遮阳物要厚实，四周用稻草围严，防止太阳光直射，以便降低菇床温度。

筑畦：畦高25～30厘米，宽1.4米，中间稍高，畦间沟宽40厘米，用甲醛100倍液浇透畦面，覆盖薄膜3～7天。在荫棚内每2～3畦搭一毛竹大棚，盖上薄膜至棚半腰，防止雨水落至畦面污染香菇子实体。

四、原料选择与配方原则

1. 原料选择

主料选择：用于栽培香菇最理想的主料是木屑。要生产优质香菇必须用含木质素高、质地坚硬的阔叶树木屑为主。木质素含量高的木屑质地致密，香菇菌丝生长较慢，有利于菌丝体养分积累。木屑粗细只要不刺破筒袋，以粗一些为宜，一般直径3～8毫米，若混入1/3左右直径1～2毫米的细木屑或者果树、桑蚕枝条木屑，效果更好。杂木屑要求色泽新鲜，无霉烂、结块、异味、油污。

辅料选择：常用辅料有三类。一是天然有机物质，如蔗糖、米糠、麦麸、玉米粉、豆饼粉等，可补充培养料中的粗蛋白、水溶性糖及其他营养成分的不足；二是化学原料，如尿素、硫酸铵、硝酸铵、硫酸镁、过磷酸钙等，可补充培养料中的氮素；三是天然矿物质，如石灰、石膏粉等，可补充矿物质不足，调节培养料的酸碱度。辅料选择还应考虑培养料的通气、含水量的控制，有利于转色，提高产量和质量。

2. 常用配方

杂木屑80%，麦麸19%，石膏1%；

杂木屑71%，麦麸18%，棉籽壳10%，石膏1%；

杂木屑75%，麦麸20%，石膏1.5%，红糖1.5%，碳酸钙1%，过磷酸钙1%；

玉米芯60%，杂木屑20%，麦麸17%，石膏1%，白糖1%，尿素1%。

五、培养料清洁处理

1. 装袋

培养料配制好后必须立即装袋，以防酸败发热。一般采用15厘米×55厘米、两头结扎的香菇筒袋，每袋装干料0.8～0.9千克，湿料1.8～2.0千克，装袋紧实，装料后的料棒要有木棒状硬度感，以中等用力下压不凹陷为宜。一般采用装袋机装袋。操作时应轻拿轻放，地下垫编织袋或麻袋，避免人为磨破筒袋。扎口时用手将料压实，并清除黏附在袋口的培养料。先紧贴培养料，用塑料线球把袋口扎紧，再把袋口薄膜反折过来扎紧，要求密封不漏气，否则发菌期易遭链孢霉污染。

2.灭菌 香菇培养料灭菌常采用常压灭菌灶灭菌，装料后要立即放进灶内灭菌，料棒在灶内的堆叠方式一定要合理，每层、每列要留有一定的空隙，料棒与灶壁也要保留3厘米左右距离，以确保蒸气畅通、温度均匀。底部2～5层的两个角（灶口方向的两个角为多）和中间部分的料棒常常是灭菌的死角，要特别注意。灭菌一开始用旺火，使温度在5小时内迅速上升到97～100℃。达到"上气"后，在97～100℃的温度下保持12～16小时，即可彻底灭菌。在灭菌过程中只能添加热水，绝对不能加冷水，以防治骤然降温，确保持续灭菌。灭菌结束后，待锅内温度降至60～70℃时，趁热把料棒搬到冷却室冷却。料棒搬运过程中要轻拿轻放。搬运工具要垫布或麻袋，防治刺破菌袋造成发菌感染。料棒冷却时需呈井字形交叉堆叠，每堆8～10层。冷却24～48小时后，料温降到28℃以下，手摸无热感时即可接种。

装　袋　　　　　　　　　　　灭　菌

六、播种发菌

1.接种 经过灭菌的料棒接入菌种后成为菌棒。接种采取接种箱、接种室、帐式塑料篷等方式无菌操作接种，可确保较高的接种成活率。

在料棒搬入前进行第一次消毒，提前2～4天把接种箱、接种室、接种篷等清洗干净，提前1天用甲醛或硫黄熏蒸，也可用甲醛或苯酚（石炭酸）喷雾消毒，关闭门窗密封12～24小时。在料棒进房（箱）后进行第二次消毒，接种室和接种篷大多采用气雾消毒剂消毒，在接种前0.5～1小时点燃消毒。

香菇菌种由于培养时间长达40多天，瓶（袋）口棉花塞感染霉菌的机会较多，在接种前要进行消毒处理。用75%乙醇将菌种瓶（袋）擦净，瓶（袋）口棉花塞在酒精灯火焰上灼烧消毒后，搬入接种箱内（箱内用甲醛或气雾消毒剂熏蒸半小时以上），用接种铲去除料面老菌膜及菌种上层1/4的培养料。

操作人员在接种前，头、手、衣服要洗（换）干净，有条件的穿接种专用工作服，戴帽、口罩。接种用具用70%～75%乙醇擦洗消毒，还需经过酒精灯火焰灭菌。需打孔接种的料棒，表面用70%～75%乙醇棉球擦洗一次。在料棒经乙醇擦洗过的一面，用接种打孔棒均匀地打3个接种穴，直径1.5厘米左右，深2～2.5厘米。打孔棒铁制或木制均可，钻头必须圆滑，打孔棒抽出时，要按顺时针方向边转边抽，不能快打直抽。打穴要与接种相配合，打一个穴接一孔菌种。接种动作要迅速，挟取菌种块可用镊子，也可用手分块塞入接种穴，种块必须压紧，不留间隙，让菌种微微凸起，再贴上胶布或胶带，胶带需把接种孔贴平，不能留微孔。气温高时，应选在清晨或晚上接种。

2. 发菌管理　香菇菌丝生长最适温度为24℃，菌丝长满袋后，把温度升高到27～30℃，以加速木屑分解和菌丝中养分积累，促进菌丝生理成熟。培养室每天通风2～3次，避光培养，门窗挂遮阳网。发菌初期菌棒采用柴片式堆叠，接种孔要侧斜放。待菌丝长到直径8～10厘米时翻堆，菌棒改为井字形或三角形堆放，堆高以8～10层为宜，堆间留空隙。翻堆时如有污染菌棒，应及时拣出处理，在每个接种孔中间用缝衣针刺几个小孔。当菌棒两面菌丝对接时，可将胶带撕掉，并在有菌丝处刺孔，当菌丝发满全袋、表面菌丝会隆起或出现局部转色、分泌黄褐色液体时，可将菌棒搬入出菇棚中。

发　菌

七、转色处理

将菌棒剥去筒膜，整齐地斜靠在竹竿上，盖上膜，转色期间大棚要保持温度20～30℃，湿度85%左右，开袋后菌丝快速生长，7～10天，菌棒表面菌丝密集，这时要掀膜通气，降低湿度至70%左右，并加大通风量，促使菌丝倒伏，并分泌出褐色水珠，再经过7～10天的转色期，菌棒就转色成功。在开袋转色期间如有菇体长出，应及时摘除，防止影响菌棒转色。

转　色

八、出菇管理

当菌棒转色后，进入出菇期管理阶段。白天将大棚关闭，让温度升至30℃，到晚上后掀开大棚两边和菇畦上的薄膜，通风降温，进行温差刺激，5～7天后，菌棒表面的菌皮出现裂缝，原基开始

形成，20℃原基长成成熟菇体需5～7天。当菌盖内卷，菌褶出现量达菌盖量一半时，即可采摘。

采菇时一手按住菌棒，一手轻转菇柄，采下完整的菇体。出菇2～3潮后，菌棒失水收缩，要为菌棒注水或浇水。用加压泵连接几个管子和注水头，在菌棒注水半分钟左右即可。若用泡水的方法，可在大棚内挖池，排好菌棒，用重物压好，浸泡10～12小时后捞起，排好等待下潮菇长出。随出菇潮次增多，菇体缩小变薄，菌棒也逐步收缩，直至出菇结束。

出 菇

河北唐山香菇栽培大棚

九、产品保鲜

目前最常用的保鲜方法是冷藏保鲜法。选择含水量低、色泽自然、菇体完整无损伤、朵形圆整、七八成熟的香菇，通过日晒或烘烤的方法，使香菇含水量继续减少，至手触菇体有干燥感，但不起皱、不发黑，色泽自然，手纸紧挤菇柄无湿润感，菌褶稍有收缩为止，含水量75% ~ 80%，然后将除湿后的香菇入库冷藏，温度保持在1 ~ 5℃。

十、病虫防控

香菇栽培生产中会受到木霉、链孢霉、青霉、曲霉、毛霉、根霉、细菌等病害和菇蚊、瘿蚊、螨虫、跳虫、凹黄蕈甲、线虫等虫害的影响。要加强各环节的控制，严防杂菌污染，用菇丰或噻菌灵1500倍拌料，开袋期间局部污染可用1 000倍噻菌灵喷雾，而后晾干。虫害可用菇净1 000倍喷雾防治。

链　孢　霉　　　　　　　　凹黄蕈甲

十一、高温覆土栽培

香菇夏季高温覆土栽培是改冬季接种、春夏和早秋出菇的生产方式。夏秋期间是香菇生产的空档，也是其他菇类产品的淡季，市场供不应求，价格较高。采用覆土地栽法比露地栽培的菇床温度降低3~5℃，实现高温季节香菇生产。菇棚搭建方式采用平顶荫棚的模式。

香菇高温覆土栽培

1. 转色处理　转色是夏季高温栽培香菇的关键环节，直接影响到香菇的产量和质量。菌棒的菌龄达到70天以上，瘤状物占整个菌棒表面2/3，并有部分自然转色，菌棒富有弹性，部分菌棒开始出现菇蕾，表明菌棒已生理成熟，可以排场。选择阴天的早晨脱袋，尽量减少菌棒损伤。要边脱袋边覆膜，以防菌棒表面失水，影响转色。覆膜2~3天后，待菌棒表面长出白色绒毛菌丝时，揭膜通风，以促使菌丝倒伏。每天根据天气情况喷1~2次水，干湿交替，视菌棒转色情况翻动菌棒，促使菌棒转色均匀。

2. 覆土　选择沙壤土、焦泥灰、山土，含沙量40%进行覆土，不宜采用细沙、黏土，覆土量按每1 000袋400~500千克配制。覆土材料要先敲碎，过筛后加入1%的石灰，并用0.3%~0.5%甲醛溶液喷入土中拌匀，覆盖薄膜7天杀菌，然后摊开备用。

把已转色的菌棒分两行靠畦边缘排在畦面上，畦床两边缘的菌棒横面，用石灰泥浆封好。将备好的泥土覆盖在菌棒上，用扫帚轻扫，把泥土填满菌棒之间的空隙，再浇水沉实，以菌棒露出土面5~6厘米为宜。

3. 出菇管理

（1）春夏期出菇管理（5~6月份）：覆土完成后要采取温差、

湿差刺激菇蕾发生。白天将薄膜直接覆盖在菌棒上，造成高温、高湿的条件，傍晚掀开薄膜，结合喷水降低温度，将日夜温差拉大。经过3～5天的连续刺激，菌棒表面会形成白色花裂痕，发育成菇蕾，菇蕾形成后撤去薄膜，增加通气量。每天应根据天气情况，晴天喷4～5次水，阴天喷2～3次水，以保持较高的空气湿度，减少菌棒的水分消耗，晚上需打开荫棚通风门通风。出菇阶段要控制好沟里的水量，当菌棒含水量不足时，沟内要灌满水。夏季气温高，采菇要及时，宜早不宜迟，一天采收2～3次，以提高菇品质量。采完一批菇后要进行养菌，将沟里水放干4～5天，降低菌棒含水量，对菌棒间出现的空隙进行补土、喷水，保持菌棒与土接触紧密，以防地蕾菇发生。养菌完毕后，沟里灌水，喷低温凉水进行催蕾，每天4～5次，菇蕾形成。

（2）越夏管理（7月份）:7月份是覆土栽培的越夏期，管理的重点是降低棚温，减少菌棒含水量，加强通风，预防霉菌。加厚周围遮阳物，气温特别高时，中午向大棚膜上喷水，降低菇床温度。降低水沟的水位，减少喷水次数，每天喷1～2次水即可。每天傍晚打开荫棚门通风一次，出现霉菌要及时挖去感染部位，喷800～1 000倍液多菌灵或克霉灵溶液消毒，然后用覆土填上。

（3）早秋期出菇管理（8～11月份）:经过越夏，菌棒含水量有所下降，菌棒收缩，及时添加覆土，浇水充实。用小铁钉刺孔，并结合拍打催蕾，通过喷水和灌满沟水，补充菌棒的含水量，扩大温差、湿差，刺激菇蕾发生。3～4天后，菇蕾就会形成，此时要增加空气湿度，每天早、中、晚喷2～3次水，早晚结合喷水通风2～3次，促进子实体的发育。

第七节　毛　木　耳

毛木耳，又名粗木耳、大木耳、黄背木耳、厚木耳、木耳菇、沙耳、土木耳等。在河北、山西、内蒙古、黑龙江、江苏、安徽等地已广泛栽培。

我国是世界上最大的毛木耳生产和出口国，年产量位居第6位，

2009年总产量已达88.99万吨。黄背木耳产品在国内销售为主，白背木耳多出口到东南亚、西欧和北美等地。

毛木耳是一种有着极大开发利用前景的食用菌类，产品以干制为主，目前还存在产品形式单一，精深加工产品有待进一步开发，保健品或药品开发色市场潜力巨大。

一、生物学特性

（一）形态特征

毛木耳生长过程分为2个阶段，即菌丝体生长和耳片生长阶段。菌丝无色透明，有横隔和分枝，次级菌丝有索状联合。初级菌丝只有1个细胞核，菌丝较细弱。

毛木耳子实体初期杯状，长大渐渐变为耳片状、叶片状或不规则状，棕褐色至黑褐色，新鲜耳片大小10～15厘米。耳片中间由胶体状物组成，晒干后成为较硬的块状。耳片正面光滑，根部有皱纹，红褐色，微显紫色。干燥后耳片收缩呈软骨质，耳片上表面变为紫灰色或黑色，下表面则变为青褐色，出现黄色或灰色绒毛。子实体成熟时有白色粉状物即孢子，孢子无色，壁薄，平滑，通常有1个至多个液泡。子实体肾形，11.3～14.2微米×4.4～6.5微米。

（二）生长发育条件

1. 营养

（1）碳源：毛木耳为木腐菌，可利用多种有机碳源，菌丝生长的最适碳源是葡萄糖和麦芽糖，其次为淀粉和蔗糖。栽培中，棉籽壳、玉米芯、甘蔗渣、稻草、杂木屑、作物秸秆等都是常用的碳源。

（2）氮源：毛木耳能利用的氮源包括蛋白质、氨基酸、尿素、铵盐等，栽培中，麦麸作为氮源，菌丝生长最快，其次为豆饼粉、尿素、酵母粉、蛋白胨、玉米粉、酵母膏、硫酸铵。

毛木耳的栽培料可由3～4种主料配合成低含氮量（<1%=、高C/N（60：1～100：1）的培养料，菌丝生长虽不十分浓密，但出耳快、整齐，干耳片的耳基小，商品率高，经济效益显著。

（3）矿质元素：毛木耳需要的矿质元素包括磷、硫、钾、镁、钙、铁、铜、锰、锌、硼等。最适宜的无机盐为磷酸二氢钾，其次为氯化钠、硫酸亚铁、硫酸镁。生产中常添加过磷酸钙、石膏和石灰等补充矿质元素和调节酸碱度。

（4）维生素：维生素是食用菌生长所必需的营养物质，特别是维生素B对培养料有分解作用，在麦麸、米糠中，维生素B_1和维生素B_2含量丰富。

2.水分 毛木耳生长发育要求有较高的湿度，菌丝生长时要求栽培房内空气湿度达到65%以上，出耳时要求空气相对湿度达85%～95%。只有在不断补充水分的情况下，才能不断从菌袋中长出耳片，出耳后若遇到干燥空气耳片会很快收缩，降低产量和质量。

3.温度 毛木耳对温度的适应范围比较广泛，菌丝在10～35℃时都能生长，以22～30℃生长较为适宜。耳片在10～35℃都能长成，最适宜生长温度为20～30℃。在江苏春季栽培，温度由低向高上升，有利于木耳的生长。

4.空气 毛木耳菌丝和耳片生长时需要氧气充足的环境，若氧气不足，不能形成耳片，因此室内袋料栽培时，要加强通风，保持空气新鲜，才能保证高产优质。

5.光线 毛木耳在发菌培养时不需要光照，放在黑暗的房间内菌丝能正常生长，如果放在明亮的房间内发菌，在光线照射下，会影响菌丝生长，容易形成小耳基，因此在发菌阶段，菌袋应放在黑暗的房间内生长。但是黑暗环境下不能长出耳片，发好菌的菌袋需要有散射光照射才能顺利出耳。光线太强对菌丝长势有一定的抑制作用，且会导致耳片色偏深，毛拉长，耳基不易形成，但是光线太弱会导致耳片色偏红，毛长度和密不均匀。

6.酸碱度 毛木耳菌丝在酸碱度pH5～7的状况下生长良好，人工配合料栽培pH 6～6.5，不需要人为调节。

二、主要栽培品种

1.781 三明真菌所在20世纪80年代选育出的优良品种。耳片大朵、肥厚，背面毛色黄色。菌丝生长温度8～33℃，最适生长温度20～30℃。长耳温度15～35℃，最适温度20～30℃。菌丝生活力强，抗病性强，是国内销售的主要品种。

2.43系列 20世纪90年代由台湾引进。耳片较大朵、单片大小达20厘米，耳片正面黑色，背面绒毛浓密、色白，外观形状好，耳质柔软，肉质细腻，口感清脆，品质优良。出耳温度18～33℃，最适温度20～30℃，产品是切干丝和出口外销的主要品种。

3.苏毛3号 江苏省农业科学院蔬菜研究所于1987年在江苏南京紫金山采集的野生菇种驯化育成。2007年经第一届全国食用菌品种认定委员会第一次会议认定通过。耳片聚生，牡丹花状，大小中等，直径10～20厘米，耳片正面红褐色、背面白色。绒毛长度、密度和直径中等。发菌最适温度20～25℃，发菌期45～60天，栽培周期155～180天。菌丝和菇体可耐受最高温度35℃，最低温度4℃。耳潮明显，间隔期10～15天。

三、菇棚建造与设施配置

毛木耳栽培场地应远离工矿业、养殖场，距离污染源在2 000米以上。栽培用水应符合生活饮用水卫生标准，通过打井或用自来水水源栽培。根据栽培地气候特点和自然条件，本书以江苏、福建和四川耳棚为代表，详细介绍毛木耳耳棚的建造。

1.江苏大棚 栽培大棚在冬天有利保温和增温，夏天有利于降温、保温和通气，也便于采菇管理。可采用宽大的耳棚栽培。具体的规格：大棚宽8～10米，边高1.5米，棚顶中心高度3米，长度不超过50米。用水泥或钢筋搭架，间隙可用毛竹子搭成，8米宽棚的棚架中间用一排柱子撑起，10米宽的大棚宜用2排立柱支撑，以防冬天大雪压垮大棚。大棚四周和顶棚先盖一层防虫网（60目规格），可有效防止外来虫害入侵。再用透明薄膜覆盖，最外层加盖遮阳网或草帘，以便隔热和调节光线。一般在向阳方向需要黑膜或使用遮光率较高的遮阳网，以减少直射阳光，耳棚内光线以能看清报纸上的字的亮度为适宜。在耳棚顶部每隔10米安装1个无动力风机，能有效降低高温和通气问题。

2.福建大棚 福建以采用墙式栽培为主，耳棚的规格为：边高

江苏大棚外观

江苏大棚内部

3米，棚顶中心高4米，棚内宽度8～9米，长度依场地而定。一般用竹子搭成，两排栽培袋间距1米，长度3～4米，分两边排列，中间留走道。整个耳棚先用竹子搭好后，将四周及棚顶用透明或黑色薄膜盖上，随后在最外层再加上一层遮阳网，用以隔热和调节光线。在向阳方向挂遮阳网，以减少直射阳光，耳棚顶部按一定距离设置排气窗。

福建大棚内部

　　3.四川大棚　　四川毛木耳耳棚的规格为：边高3米，棚顶中心高4米，棚内宽度和长度依场地而定。一般用竹子搭成，上下两层架子间距0.5米，两排栽培袋间距1米，长度5米，分两边排列，中间留走道。整个耳棚先用竹子搭好后，将四周及棚顶用草帘盖上，随后在最外层再加上一层遮阳网，用以隔热和调节光线。耳棚顶部按一定距离设置通风口。

四川大棚外观

四川大棚内部

四、原料选择与配方原则

1.原料选择 栽培主料是木屑、甘蔗渣、棉籽壳、作物秸秆等，木屑为多年生阔叶树木屑；栽培辅料常用麦麸、米糠、大豆粉、石膏、过磷酸钙等，要求新鲜、洁净、干燥、无虫、无霉、无异味，不含对人体有害的物质。

2.常用配方

阔叶树木屑78%，麦麸20%，石膏2%。

阔叶树木屑40%，玉米芯41%，麦麸15%，石膏2%，石灰2%。

棉籽壳30%，木屑60%，麦麸8%，石膏1.5%，过磷酸钙0.5%。

上述配方中，料中含水量为65%，即料与水的比例为1 ： 1.2。

五、培养料清洁处理

1.培养料的预处理 在制作菌袋的日期确定前，必须提前备好生产所用的一切原料，如杂木屑可在6个月前购进，堆放在室外场地上，任其日晒雨淋，使用前要喷灌清水，让杂木屑中有害成分随水流掉，质地不纯的杂木屑特别是混有松、杉、柏等的木屑，更应大量喷灌清水，并翻堆，在使用前一周停喷灌清水，以免直接取用时水分过多。毛木耳栽培宜用木屑料为主，拌料后装料时含水量应达65%左右，袋内不应看到有水分沉淀，水分偏多会抑制菌丝生长，促进细菌滋生造成坏袋。

2. 培养料的堆置发酵 原料拌好后有的地方是直接装袋，如果在9月份气温较高时装袋，为防止发菌时高温影响造成坏袋，可以采用培养料建堆发酵，使其长出高温菌而布满培养料，这样灭菌后菌袋就不易污染，安全发菌和提早出耳。具体做法是：建堆后7天左右翻一次堆，共翻3～4次，可在料堆上垂直打洞，增加通气促进发有氧发酵，可提高发酵效果，加速培养料熟化。

3. 装袋 出耳袋的规格是用17厘米×38厘米聚乙烯塑料袋装料，用装袋机装料，每袋装湿料1.3～1.5千克。料装均匀，松紧适中，料紧贴袋壁，但不能撑破袋子，出现破袋和裂袋要重新装袋，料装入袋后及时用塑料绳扎口，袋子两端的扎口都要打活结以便接种时开袋。料装好后在5小时内及时进锅灭菌。

建堆翻堆

机器翻堆

装袋过程

4.**灭菌** 冬季装袋的毛木耳,温度偏低,灭菌锅多以简易的水泥池围上帆布和塑料布保温,采用常压灭菌方式。这种灭菌方式较为经济,也易于操作,但有时也易出现灭菌不彻底的问题。在灭菌池内一次灭菌的菌袋码垛数量不宜超过5 000袋,中间要留有空隙以利空气循环,防止出现一些角落的菌袋灭菌不彻底的现象。菌袋堆好后盖上多层薄膜和帆布,四周用沙袋压紧,通入蒸气,在料温达100℃时维持14小时,待料温下降至60℃以下时趁热出锅运袋。

六、播种发菌

1.**接种** 将菌袋趁热搬运进干净的大棚内,大棚接种处用塑料布围成一个小间,内用消毒剂预先熏蒸处理,等菌袋降温至30℃以下开始接种。接种时解开袋口,接种后立即扎口,扎口处留一小缝隙通气,菌袋两头均接种。种子量以一勺子,能撒开在料面上即可,接种多了是浪费,并易引发种子死亡而被杂菌污染,造成全袋杂菌污染而报废。

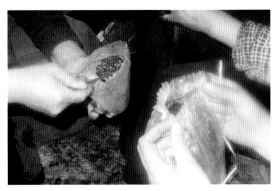

接　种

2.**发菌管理** 毛木耳菌丝生长温度10～30℃,最适温度20～30℃。冬季气温较低,为保温和增温,发菌期大棚可覆盖2层塑料薄膜,中层覆盖草帘用以遮光和保温。接种后,若棚内的自然温度达到15～20℃,菌丝能较慢生长。接种后立即排好菌袋,一排以8～10层为宜,两排之间需留通道,以便通气和观察菌丝生长情况。接种10天内不要翻动菌袋，当菌丝伸长到5厘米后开始翻袋，清除污染的菌袋。当菌丝延长到10厘米后，适当松动袋口，增加菌袋内的通气量，同时注意观察棚内的温度，要防止高温烧菌，菌袋之间的温度不能超过28℃，若出现高温情况要及时在棚边开小口，加大通气量也加速降温。发菌时也要观察袋口处的菌丝生长状况，若袋口有水珠出现，说明大棚内通气性较差，袋内二氧化碳积留，长时间会致老菌种死亡，并引发"黑头病"而使菌袋报废。正常情况下菌袋50天可长满菌丝，发菌80天后可将菌袋上架出耳。

七、菌丝后熟处理

菌袋排放方式有2种，一是由两端袋口出耳，二是在袋边割口，多点出耳。常以耳片质量和出耳时间决定排袋和出耳的方式。

如果早春开袋，气温较低时，又需要长大片的木耳，就以两头长耳，便可采用墙式多层排放，出耳袋呈"非"字形排列，即耳墙按耳棚宽度方向横向排列，两耳墙之间宽1米，纵向中间留1.5米通道。这种耳棚用排袋量多，每排排放8层耳袋，每层耳袋之间应用小毛竹间隔，以利通风散热。

如果在晚春排袋出耳，又需赶在高温前出耳结束，就需缩短出耳时间，这样以袋边多处割口多处长耳为宜，可采用单边开口出耳，双袋并排夹袋式或三角形排袋的方式。

八、出耳管理

菌袋排好后，即可开口出耳。菌袋开口有两种方法，即切割袋口或用斜划线形开口。不论采用哪种方法都应注意单位面积的原基量直接影响到木耳产量和质量。单位面积上原基越多，朵型越小，产量越低；原基数量少，则朵型大，质地好，产量也高。在小耳基形成前，保持棚内空气湿度80%～90%，有利于划线的伤口恢复，耳基从划线的伤口长出后，再开始浇水管理。

为使耳背的绒毛充分生长，管理以保湿为主，子实体生长初期相对湿度保持在85%～95%。喷水要少量多次，促进耳芽发生和分化。子实体生长中后期，要间歇喷水，保持干干湿湿的状态。接近采收期可停止喷水，相对湿度降至75%～85%，使背面绒毛长一些。适当的散射光可使耳片色泽较黑，背面绒毛多而长。同时在生长过程中要保持耳棚内空气新鲜，足够的通风才能使木耳长大长厚。

第一潮耳在春末夏初长成，处在温度上升的阶段，生长期长达30天之久，所以质量好，耳片厚实，产量占总产的45%左右。当耳片充分展开，边缘开始卷曲，腹面还不见白色孢子粉弹出时，即可准备采收。采收前2天停止浇水，让耳背绒毛充分生长，若是阴天可提前4天停水。采收时一手按住袋子，一手抓住耳基部轻轻拔出，若拔断耳基，要及时将耳基重新拔出，防止烂在耳袋内。第一潮耳采收结束后应停止向耳袋上浇水，让伤口处长出菌丝，约过3～5天后再浇水保湿，促进新耳长出。第二批耳在5月底6月初采收。第二潮耳生长期，温度在上升，时有高温天气出现，因此，要及时揭去第二层薄膜，增加草帘的覆盖厚度，同时也要加强通风，此时的管理重点是降温、保湿和通气，如果管理得当，第二潮耳的产量也可达总产量的40%。第二潮耳采收后，耳袋营养消耗很大，加上高温的影响，有些耳袋菌丝消退或污染，病虫也在繁殖，因此要清理报废的耳袋，在未出现耳基时及时用药防治病虫害，同时卷起大棚两边的薄膜，增加通风量，在清晨和晚上浇水，防止高温时浇水的温差刺激菌丝，

出　耳

也影响耳的形成和生长。第三潮耳在7月份长成，如遇到霉雨季节，耳片也会展开，产量有所提高，但如遇干旱高温，耳片薄小，趋缩，质量较差，产量很低。

九、产品保鲜和干制

毛木耳采收后，再堆放5～8小时，感官上其毛更长、更白。然后进行漂洗、晒干。一般晒干制品比烘干制品好。晒干后按规格要求

分级包装。一般是第一潮耳为一级品，第二潮耳为二级品，第三潮耳就是三级品了。大多数菇农都将耳片干品及时出售，家内无仓库存放。

晾 晒

干 品

十、病虫防控

毛木耳是高温性食用菌，在整个栽培期都与病虫相遇。发菌期易被木霉、根霉、链孢霉、细菌和酵母菌等竞争性杂菌侵染，可用菇丰1500倍液拌料，严格灭菌，封闭接种。出耳期易染黑头病、青霉病、白粉病、粘菌等病害，要加强发菌期管理，层架之间需用竹片或木材隔开，使菌袋之间能通气散热，降低发病率；在第一潮耳结束后，大棚喷施菇丰或米鲜胺杀菌剂+春雷霉素500 ~ 1 000倍，间隔5天再施用一次，可以有效控制第二潮耳病害发生和蔓延。毛木耳在出耳期易受到菇蚊、菇蝇、跳虫和螨虫等害虫危害。菇蚊幼虫和螨虫为害耳片，可用菇净1 000倍或BTi粉剂500倍喷雾，棚内挂上诱虫灯和黄板，诱杀菇蚊成虫。

菇蚊幼虫咬食耳片

螨虫取食木耳耳片

十一、春夏季栽培

江苏徐州地区的栽培季节在春夏，培养料按配方混合后加水堆放3～5天，11～12月制袋，灭菌，接种，此时为气温最低的时候，病虫害污染很少。1～3月为发菌期，为了加快菌丝生长，发菌耳棚内需要人工加热，提高棚内温度，但发菌时间仍较慢。4～5月气温开始升高，发满菌的菌袋移入出耳棚开始出耳，至6月出耳结束。

四川和河南等毛木耳主产区以栽培黄背木耳为主。黄背木耳为中偏高温型真菌，子实体生长以22～28℃为宜，出耳阶段要避开30℃以上高温和18℃以下低温，一般在4～10月出耳。同时，黄背木耳一般在菌丝长满菌袋之后才能形成子实体，因此菌袋生产季节在春节前后1个月，即12月至次年2月间，发菌在2～3月。

江苏毛木耳

四川毛木耳

十二、秋冬季栽培

福建漳州地区的栽培季节在秋冬，气温由高渐低，以种植白背毛木耳为主。培养料经过3个月的堆置发酵，减少料中的杂菌侵染，虽然在7～8月制袋、灭菌、接种，但杂菌污染很少。9～10月日平均气温在25℃左右，适合菌丝的生长。11月气温开始下降，日平均气温在20℃左右，适合子实体的形成，是开袋出耳的最佳时期。12月日平均气温15～20℃，正适合培育优质的毛木耳。

福建毛木耳

第八节 茶 树 菇

茶树菇，又名茶薪菇、柱状田头菇、杨树菇、柱状环锈伞、柳松茸，属于伞菌目，粪锈伞科，甜头菇属。野生茶树菇每年春末夏初常在枯死的油茶树发生，人工驯化和栽培研究成功仅十余年。在栽培技术方面，目前主要是进行自然季节栽培，主要生产地为江西广昌县、黎川县，福建古田县等，日产量均达万斤以上，多为干品出售。此外，全国各地也均有生产，昆明、成都、北京等地为较大鲜菇产区。

随着消费者对于珍稀菌类的认识，茶树菇市场逐渐打开，是一种具有稳定性、风险小、市场前景好、效益高、极具开发前景的食用药用菌。

我国的茶树菇已出口到东南亚及其他许多国家和地区，是极具开发前景的食用与药用菌。

一、生物学特性

（一）形态特征

茶树菇菌丝白色，分枝状，粗壮，匍匐生长。菌丝最适生长温度21 ~ 27℃，一般12天可长满试管斜面。培养时间过长，菌丝容易老化，产生茶褐色色素。

子实体单生，双生或丛生，大多数丛生。菌盖直径3～10厘米，表面平滑，初暗红褐色，有浅皱纹，成熟后褐色，边缘较淡。菌柄中实，长3～18厘米，淡黄褐色。成熟期菌柄变硬，菌柄附暗淡黏状物。菌肉（除表面和菌柄基部之外）白色、肥厚。菌环白色、膜质，上表面有细条纹。

茶树菇

（二）生长发育条件

1.营养　茶树菇分解木材的能力中等（比平菇、香菇分解力弱）。野生茶树菇仅着生于油茶树上，经人工驯化后，可利用油桐、枫树、柳树、栎树、白杨等阔叶树作栽培材料，但以材质较疏松、含单宁成分较少的杂木屑、甘蔗渣、稻草、棉籽壳较适应茶树菇生长，也可充分利用麸皮、米糠、大豆饼粉、茶籽饼粉、花生饼粉等作为氮源。

生产中，多以棉籽壳、木屑为栽培主料，米糠、麦麸、大豆饼粉、菜籽饼粉、花生饼粉作为辅料，其主要作用是提供氮源和维生素类物质，配置原料时要兼顾C/N比，才能提高产量和品质。

2.温度　茶树菇属于中温结实性菌类。菌丝生长最适温度21～27℃，原基分化温度10～15℃，子实体发育温度13～25℃。茶树菇菌丝体对高温和低温均有较强的耐受性。

3.**湿度**　菌丝生长阶段，只要培养基内含水量在50%～70%即可，含水量在60%左右生长较适宜。子实体形成时，空间的湿度要控制在85%～90%。湿度过高，菇体易开伞；湿度太低，易造成菇体小，生长缓慢，影响产量和品质。

4.**空气**　茶树菇属于好氧性菌类，在菌丝培养阶段，培养室内氧气不足，菌丝生长速度会明显缓慢。子实体生长时通风不良，原基形成慢，菇柄短粗，菌盖小，出菇不整齐。

5.**光照**　茶树菇菌丝生长阶段不需要光照，强光照能抑制菌丝生长。出菇阶段需要500～1 000 勒克斯散射光刺激，完全黑暗的条件下不能形成子实体。

6.**酸碱度**　茶树菇菌丝喜欢微酸性环境，pH4～6.5范围内生长正常。在配制栽培料时加入1%～1.5%的石灰来调节酸碱度。

二、主要栽培品种

1.**古茶1号（古田）**　子实体多丛生，少量单生。菌盖半圆形，初期中央凸出，呈浅黄褐色，直径2～3厘米，菌柄长5～20厘米，粗0.5～2厘米。接种后60天出菇，75天为旺盛期，平均13天出一潮菇，属广温型早熟品种。菌丝生长温度5～38℃，最适宜温度为20～27℃，子实体形成温度14～35℃，最适温度为18～25℃。培养料pH 5.5～7.5时，菌丝体都能正常生长，最适pH 6～7.5。菌丝生长阶段不需要光线，子实体生长具有趋光性，最适光线强度在300～500勒克斯。

2.**古茶2号（古田）**　子实体丛生。菌柄长度18～22厘米，菌盖棕色，适宜鲜销。中温偏低型早熟品种，菌丝生长温度5～38℃，最适生长温度23～26℃。子实体形成温度15～35℃，最适生长温度18～22℃，pH 6.5～7.5。接种后55天左右出菇。光线强时，菌袋局部会出现变褐色现象。冬季出菇量多，夏季出菇量少，出菇转潮快，平均13天出一潮菇。

3.**古茶988（古田）**　子实体丛生或单生，菇型粗大。菌盖深褐色，不易开伞。菌丝生长温度5～38℃，最适生长宜温度23～28℃。子实体形成温度18～35℃，最适生长温度20～25℃，

pH 6.5～7.5。生长周期长，65天左右出菇。冬季出菇量少，春夏出菇旺盛，平均15天出一潮菇。子实体生长期间易遭蚊蝇危害。抗逆性强，适宜鲜销。

4. 明杨3号（福建三明）　子实体单生、双生或丛生。菌盖直径3～8厘米，表面较平滑，初暗红褐色，后变为褐色或浅土黄褐色，边缘淡褐色，有浅皱纹。菌柄长3～8厘米，直径0.5～1.2厘米，中实，近白色，有浅褐色纵条纹。菌环膜质，生于菌柄上部。菌丝生长温度范围4～35℃，最适生长温度25～28℃；子实体生长温度12～30℃，最适生长温度16～25℃。培养基含水量60%～68%，子实体生长期间空气相对湿度85%～95%；光线抑制菌丝生长，光照25～300勒克斯有助于子实体生长。栽培季节因气候条件而定，如华南地区可于当年秋季至次年春季栽培，华东地区可于3～6月及9～11月栽培，云南可于春季至秋季栽培。

5. 赣茶AS-1（江西广昌）　子实体丛生，少单生。菌盖直径3～8厘米，黑褐色，菌柄中实，柄长8～15厘米，柄表面有细条纹，幼时有菌膜，菌环上位。菌丝最适生长温度24～28℃，适宜pH5.5～6.5。菌丝生长好氧，菌丝浓白，生长速度快，抗杂性好，抗逆性强。菇蕾分化初期需要一定浓度二氧化碳刺激，原基和子实体形成要求500～1000勒克斯光照。最适出菇温度16～28℃，出菇时间长，潮次明显。以棉籽壳、木屑为主要栽培料，适量添加玉米粉可提高产量。南方地区菌袋生产一般安排在9～11月，低温季节生产菌袋成功率高，出菇最佳季节安排次年3～6月，越夏后秋季仍可出菇。北方地区春、夏、秋季均可栽培出菇。适于鲜菇生产，也可用于干制。

三、菇棚建造与设施配置

自然季节性栽培，接种后发菌至出菇均在同一场所内完成，属于一区制栽培。一般选择室外，可利用闲置的蔬菜大棚进行改造后用于栽培，也可以在室外建造专用的出菇房，管理方便，易获得优质、高产菇。各地可因地制宜加以选择。

1.菇棚建造

选好菇棚地点：建棚地点应坐北朝南，附近有足够的堆料场地和卫生的水源。

菇棚设计：菇棚不宜过长，以不超过40米为宜，太大，操作不方便，通风不良。最好选择竹、木材或角钢等作为建棚材料，可根据菇农实际情况而定，但一定要考虑牢靠和经济实用两个因素。

菇棚规格5～8米×20～25米，菇棚边高2米，中间高3.5米，菇棚南北侧各安装80～100厘米宽的门。竹子搭建菇棚，其上常装遮阳网，再加盖一层稻草或茅草，最外层在低温时覆盖一层黑色塑料薄膜。必要时，棚顶每隔3～5米设通气筒，便于通风排湿。菇棚内搭建层架式出菇架，层架宽度140～150厘米，层架间设70厘米宽通道，层间距50～60厘米，底层离地面30厘米左右，通常设3～4层。层架用木条、竹竿、不锈钢、角铁等。有的为了使室外栽培棚温度相对稳定，采用高密度聚苯乙烯板做围墙和棚顶。

茶树菇室外栽培棚

也可以选择闲置仓库、空闲蔬菜大棚、日光温室等设施搭建出菇房，要能通风，透气性好。

2.室内栽培

设置对流窗：床架之间的通道两端上下各设30厘米×40厘米纱窗，上窗低于屋檐30厘米，下窗高出地面20厘米，纱窗外再设可启闭的黑色遮阳网覆盖，以便随时可以开启。

菌床：两侧操作的菌床，宽度1.2～1.3米，单侧操作的菌床宽度0.7米。采用木条制作，上下可通气。通道宽度0.7～0.75米，长度视房屋大小确定。

菇床层间设置：层数以4～5层为宜，底层离地面20厘米，层间距55厘米，顶层距房顶1.5米，以减少太阳辐射热。

茶树菇室内栽培房

四、原料选择与配方原则

1.原辅材料的选择 木屑要用细木屑，可在室外堆放，但要求不霉烂，不发黑。麸皮、玉米粉要求新鲜不结块，无霉变，无虫蛀。

2.配方组成及配制

细木屑78%，麸皮15%，玉米粉5%，石膏1%，石灰1%。

棉籽壳40%，细木屑15%，麸皮23%，玉米芯20%，石膏1%，石灰1%。

棉籽壳45%，细木屑30%，茶籽饼5%，麸皮18%，石膏1%，石灰1%。

料：水比1：1.2，使配方含水量为60%左右，搅拌均匀，pH自然。

五、培养料清洁处理

选择好培养料配方后，购买新鲜无霉变的原辅材料，杂木屑要细，可在室外先堆放一段时间再使用。称取各种原料，将木屑、麸皮、棉籽壳、玉米芯、茶籽饼等混拌加水均匀，要求主料与辅料混合均匀，干湿均匀，酸碱度均匀。

选择晴天在水泥地面拌料。拌料前先将主料预湿，控制料水比在1∶1.2～1∶1.3。注意，夏秋季节拌料，宜用1%的石灰水预湿原料，以防杂菌污染。如以棉籽壳为主料，一般装袋前10～12小时将棉籽壳预湿；以木屑为主料，要先过筛，去掉尖利的木片和杂物，按照配方比例，在水泥地上均匀搅拌。

拌料预湿

1.装袋 出菇袋为折角袋，规格17厘米×35厘米或17厘米×38厘米，聚乙烯袋可用于常压灭菌，聚丙烯袋可用于高压灭菌。每袋装干料0.5千克左右，可用自动装袋机，也可以手工装袋，料高15～18厘米，迅速扎紧袋口。排入灭菌框（每框12包或16包）再排在灭菌车上，推入灭菌锅中。

菌包质量要求：紧实度好、料面平整、高度一致、大小合适。

2.灭菌 出菇袋彻底灭菌是茶树菇栽培成败的关键环节之一。通常采用常压灭菌。加热原则是攻头保尾控中间，当堆内温度达到100℃后必须保持10～12小时。

3.冷却 灭菌结束后，待锅内温度降至60～70℃时，方可开锅搬运栽培袋。菌袋需冷却到25℃左右才能接种。冷却室进袋前可用福尔马林熏蒸24小时提前杀菌、消毒，也可采用边冷却边消毒的方法。

六、播种发菌

1. 接种　选择菌丝活力旺盛、无污染老化、无虫卵的菌种接种，菌龄以满瓶后10天左右，待菌种生理成熟后再用于接种。接种操作在无菌室或接种箱内进行，无菌室和接种箱均需提前灭菌消毒。接种量10%左右，即每750毫升菌种瓶接20～30袋。接种一般两人一组，按常规接种要求，解开袋口，每袋接入菌种后捆扎袋口叠堆。

打穴接种二次套袋技术是近年发展起来的，具有接种快、菌丝生长迅速、污染低等优点。操作时，在菌袋的一侧或两侧打1～2个接种孔，迅速接种后在菌袋外加套一层薄膜外套，避免料袋直接与外界接触。

2. 发菌期管理　接种完毕的菌包贴好标签及时排放在培养室内，培养室洁净、有控温和换气设施。培养阶段要求：温度20～24℃，空气相对湿度65%左右。菌包排放整齐有序，菌包之间留有1厘米左右的空隙，以便呼吸和散热。夏季需防止室温过高，应经常检查，以免出现烧菌现象。

接种后第二天开始定期检查，及时剔除污染或不萌发的菌包。发菌期间要注意菌袋温度，高温季节要加强通风换气，避免烧菌。培养40～50天菌丝可长满。

七、出菇管理

菌丝满袋后，料面分泌黄水，呈现褐色斑块，在正常情况下，茶树菇接种后55天左右即进入出菇期。降低菇房温度准备出菇，温度16～20℃，保持5天的低温处理，但袋口不撑开，空气湿度保持在85%～95%。

茶树菇出菇阶段

1.原基期 菇蕾形成后，将棉花拔掉或减去扎口线，室外栽培要通风，室内栽培二氧化碳浓度相对较高，保湿好，解去捆扎的袋口，把袋口反卷3～5厘米，一般每平方米排放60袋左右。这期间要加大空气相对湿度，并保持在95%～98%，早晚过道要喷水保湿。温度控制在18～24℃，保持昼夜温差在7～8℃。

茶树菇原基

2.生长期 开袋后10～15天子实体大量发生。为使小菇蕾整齐生长，随着菇体牛长，逐渐拉直袋口，直到收菇。出菇期间，根据棚外的气温情况，每天通风1～3次，每次1小时左右。若气温不太高，则减少通风次数，以防氧气过多导致早开伞、菌柄短、肉薄。温度在18～25℃适宜。

3.成熟期 通风较好的菇房，随着子实体发育逐渐拉高袋口，温度控制在18～24℃。空气湿度在85%～90%。

成 熟 期

八、产品保鲜和干制

待菌盖呈半球形、菌环尚未脱离菌柄时采收。采收时应抓住基部一次性整丛拔起，摘除袋中残留的菇根，将菇整齐放在塑料筐内，控制温度16～20℃，相隔10～15天采收一次。随着收获茬次增加，培养基逐渐收缩，必须及时补水，将菇房内残留物整理干净，直接向菌袋中喷水，浸满袋，浸泡过夜后将水倒掉。补水结束打开门窗通风。采收期一般长达6个

将茶树菇整齐放在塑料筐内

月，随着菌丝不断降解培养基，栽培袋逐渐收缩，培养基颜色变成深褐色，有的直至第二年还可以出菇。生物转化率50%～70%。

自然晾干

烘　干

把鲜品分拣后自然晾晒，也可进行烘干。烘干采用热风烘烤法，起始温度35℃，慢慢上升，最高不超过60℃。整个烘烤过程10～12小时，干品含水量在13%～15%。

九、病虫防控

1.竞争性杂菌　季节性栽培中，菇农通常在春季或秋季制袋。

链孢霉污染的菌包

各种竞争性杂菌的菌丝体和分生孢子广泛分布于自然界中，可通过气流、水滴、菌种带菌等方式侵入栽培袋。通常杂菌菌落扩展很快，特别在高温高湿条件下几天内菌落可遍布整个料面。接种操作不当、菌种带菌、发菌期间温度高，菌袋易被木霉、根霉、毛霉、链孢霉等侵染。

防治方法：

（1）严把制袋、接种、发菌等生产环节，创造有利于茶树菇菌丝生长、不利于竞争性杂菌生存的条件，减少污染。

（2）生产布局合理，场地清洁干燥，保持生产场地环境清洁干燥，无废料和污染料堆积。

（3）减少破袋是防治杂菌污染的有效环节，袋面无微孔，底部缝接密封好，装袋时应防止袋底摩擦造成破袋。

（4）菌袋灭菌彻底，防止留下空压死角。在整个灭菌过程中防止中途降温和灶内热循环不均匀现象；常压灭菌需要100℃下保持10小时以上，高压灭菌需121℃下保持4小时以上，待温度降低，菌袋收缩后才能开门取出。

（5）保持菌种的纯净度和生命力。具有纯净和适龄的菌种和具旺盛活力的菌种是减少杂菌源和降低木霉侵染的基础保证。

（6）确保接种室和接种箱清洁无菌，接种环境高度清洁，可有效降低接种过程的污染率，接种室应设有缓冲间，在菌袋进入之前要进行消毒，在接种前用40%二氯异氰尿酸钠熏蒸，能有效消除木霉孢子，20～25℃中温发菌可有效降低由温差引起的空气流通而带入杂菌。

（7）发菌期勤检查，及时检出污染袋。

（8）做好菇房的消毒处理。菇房在废袋清除后和使用前都要进行消毒处理，菇房地面消毒可用50%咪鲜胺锰盐或用30%百·福

（菇丰）500倍液进行地面清洗，也可用高锰酸钾和甲醛混合后产生的甲醛气雾熏蒸菇房空间，杀灭空气中的木霉菌丝体和孢子。

（9）出菇期菇袋及子实体上出现木霉侵染时，选择出菇间歇期用低毒和安全性药剂防治，可用40% 二氯异氰尿酸钠防治，将制剂稀释1000倍后喷雾于料面上，间隔3 ~ 5天再次用药防治，能较好地控制木霉菌丝侵染和繁殖。

2. 虫害　茶树菇出菇期的虫害主要有菇蚊和螨虫，两种虫害均能取食菌丝和子实体，具有繁殖快、为害重、难控制的特点，对产品产量和质量产生严重影响。

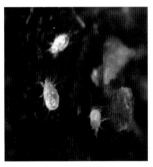

多菌蚊幼虫取食后菌丝退菌　　　　腐食酪螨取食菌丝造成退菌

防控方法：

（1）物理防治：

①合理选择栽培季节与场地：选择不利于菇蚊生活的季节和场地栽培，在菇蚊多发地区，把出菇期与菇蚊的活动期错开，同时选择清洁干燥、向阳的栽培场所。栽培场周围50米范围内无水塘、积水、腐烂堆积物，可有效减少多菌蚊寄宿场所，减少虫源也就降低了为害程度。

②设制防虫网或窗：菇棚栽培可在棚外罩上70目防虫网，菇房栽培可在菇房的门窗上安装防虫纱网，防止外界的菇蚊等虫子飞入产卵，同时也可在纱网上喷药杀虫。

③诱杀成虫：在成虫羽化期，菇房上空悬挂杀虫灯，每间隔10米距离挂一盏灯，晚间开灯，早上熄灭，诱杀大量成虫，有效减少

虫口数量。在无电源的菇棚可用黄色粘虫板悬挂于菇袋上方，待黄板上粘满成虫后再换上新虫板使用。

④选用无螨菌种：种源带螨是导致菇房螨害暴发的主要原因，因此菌种厂应保证菌种质量。提供生活力强的纯净菌种，菇农应到有菌种生产资格的菌种厂购买菌种。

（2）药剂控制，对症下药：

①菇蚊防治：当发现袋口或料面有少量菇蚊成虫活动，料中有少量幼虫时，结合出菇情况及时用药。在喷药前将能采摘的菇体全部采收，并停止浇水一天。如遇成虫羽化期，要多次用药，直到羽化期结束，选择对人和环境安全的药剂，如菇净1 000倍、Bti（苏云金杆菌）1克/升、甲胺基阿维菌素1 000倍和除虫脲5 000倍等低毒农药。

②螨虫防治：出菇期出现螨虫时，采净菇床上菇体，用4.3%菇净稀释1 000倍喷雾，5天后再用10%浏阳霉素乳油1 000～1 500倍稀释液均匀喷雾，可在1～2周内保持良好防效。在下一潮菇的间歇期视螨虫量和危害程度，使用甲氨基阿维菌素1 000倍或240克/升螺螨酯（螨危）悬浮剂3 000～5 000倍喷雾一次。

十、周年栽培

茶树菇在福建古田的栽培量达3亿袋，地处海拔300米左右，加之古田县翠平湖这个"大空调"的气候调节作用及采用田间泡沫荫棚，为茶树菇周年生长创造了适宜环境条件，使茶树菇在夏季和冬季均能正常出菇，解决茶树菇生产的季节性问题，实现了茶树菇周年生长出菇，为茶树菇规模化生产奠定了基础。目前，古田县已形成了一套管理和技术较为成熟的栽培模式——"古田模式"。

1. 田间泡沫荫棚的建造　田间泡沫荫棚搭建成本低，搭盖速度快，满足了茶树菇生产发育对环境条件的要求，而且有效解决了菇农生产场地问题，为茶树菇的规模化生产奠定了基础。

选择交通方便、地势较高、通风良好、近水源的田地做菇棚场地。以东西向搭建，用竹、木搭作立式棚架，棚顶和四周用聚苯乙烯泡沫板和厚塑料薄膜保温隔热，并在棚顶遮蔽覆盖芒萁或五节芒。

一般菇棚宽6米，高3米，长8米，不宜太大，否则难以升温保温。采用木制框架结构搭建泡沫保温房，人字形屋面，工作道两端各设一扇门，门上方各开一个0.4米×0.6米的通气窗。塑料膜上加一层2.5～4厘米厚的塑料泡沫板覆盖棚顶及四周，要求密封紧实，菇房两侧的门、窗也要用泡沫板嵌贴。工作道地下铺设0.2米×0.15米的加温烟气管道，进门一侧地下建一炉灶，另一侧建一烟囱，用于加温。加温烟气管道和灶面均需密封，以防二氧化碳逸入菇房而影响子实体生长。

田间泡沫荫棚

菇棚内，采取多层架集约化摆袋长菇，床架宽1.2～1.4米，两边不设通道的床架，宽不超过70厘米，以伸直手能操作为宜，层架间距离50～60厘米，设5层，床架间留70厘米的通道。菇棚四周的挡风墙可遮荫，可以促使菇柄常伸长，避免弯曲，提高菇品的商品价值。田间泡沫荫棚条件下温度较为恒定，湿度条件较好，突破了传统栽培模式和季节限制，使茶树菇在夏季和冬季均能正常出菇，实现了周年出菇，从而提高了生产效益。

棚内层架

2. 栽培季节选择　茶树菇出菇温度相对较广，抗高温，也较耐低温。茶树菇生产基本不受季节限制，全年不中断生产，不中断出菇。各地可根据当地气候条件选择适宜栽培期，生产上一般安排春季温度达到20℃，秋季温度降至25℃出菇为宜。不同季节栽培，其产量和质量有所不同，古田县茶树菇生产主要集中在每年的7月至9月。

3. 出菇管理　当菌丝走到菌袋2/3或满袋时，将菌袋竖立排放在菇架上，及时解除袋口的编织线，但不要撑开，避免因栽培袋上部暴露空间的面积过大而导致失水。开袋后，要人工调适湿度并通气。根据天气状况，若为雨天，门窗均需打开，有利通风；若天晴，则早、中、晚各通风一次，相隔1小时左右；同时，每天喷雾2～3次，保持墙壁和地面湿润，维持房内相对湿度在90%～95%，光照度控制在500～1 000勒克斯，温度控制在18～24℃范围内，温度低于16℃时用"地火垄"加温。开袋后10～15天子实体大量发生。出菇后，适当降低空气湿度至85%～90%，减少通风次数和通风时间，以防氧气过多导致菇体开伞及柄短、肉薄。若菇蕾太密，还应进行疏蕾。每袋宜保留6～8朵，朵数适中，长势整齐，朵型好，菇柄粗，否则会影响菇的品质和产量。

第九节　灵　　芝

灵芝，又称瑞草、灵芝草。

灵芝分布在我国黑龙江、吉林、河北、山东、山西、内蒙古、安徽、江苏、浙江、江西、广东、广西、贵州、云南、湖南、福建及台湾等地。野生的灵芝资源数量有限，而且越来越少。人工栽培灵芝的技术已在全国推广，其产量与质量早已超过野生灵芝，年产量不仅可以满足国内市场需求，还能大量供应国外市场。

在我国传统中医药学中，以灵芝的子实体入药。近些年来，人们又成功地研究了灵芝深层培养的技术，通过工厂发酵的途径，生产灵芝菌丝体供制药业及饮食业的需要。20世纪90年代以后，又发现了灵芝孢子粉的作用及孢子粉的采集方法，使灵芝的应用达到了一个新的阶段。

一、生物学特性

(一)形态特征

灵芝子实体由于生长条件和种性不同，子实体形状、颜色有很大差异。一般灵芝属的子实体为一年生，少数多年生，木栓质或木质，个别种硬革质，菌盖为半圆形、近圆形或近肾形，有光泽，具有同心环纹、环沟、环带或放射状纵皱，菌柄带有光泽。

赤芝子实体为一年生，木栓质，有柄，菌盖肾形、半圆形或近凹形，5～20厘米，厚可达2厘米；盖面黄褐色至红褐色，有时向外渐淡，盖缘淡黄褐色，有同心环带和环沟，并有纵皱纹，表面有油漆状光泽；盖缘钝或锐，有时内卷。菌肉淡白色至淡黄色，近菌管部分常呈淡褐色或近褐色，木栓质，厚约1厘米。菌管淡白色、淡褐色至褐色，菌管长约1厘米；管口面初期呈白色，渐变为淡褐色、灰褐色至褐色，有时也呈污黄色或淡黄褐色，每毫米间有4～5个。菌柄侧生或偏生、人工栽培近中生，近圆柱形或扁圆柱形，粗2～4厘米，长2～19厘米，表面与盖面同色，或呈紫红色至紫褐色，有油漆状光泽。孢子粉褐色或灰褐色，5～8微米×2～6微米。孢子呈淡褐色至黄褐色，内含一油滴，卵形，顶端常平截，双层壁，内孢壁淡褐色至黄褐色，有突起的小刺，外孢壁平滑，无色。菌丝近无色至褐色，有分枝，多弯曲，直径1.5～6微米，壁厚无隔膜，罕见锁状联合。

紫芝子实体一年生，木栓质至木质，有柄。菌盖半圆形、近圆形或近匙形，2.5～9.5厘米×2.2～8厘米，厚0.4～1.2厘米，盖面紫黑色、紫褐色至近黑色，具油漆状光泽，有明显（或不明显）的同心环沟和纵皱；盖缘薄或钝，常近似截形，颜色稍浅或呈淡黄褐色。菌肉褐色至深褐色，厚0.1～0.3厘米。菌管长0.3～1厘米，褐色、灰褐色至深褐色；管口面污白色、淡褐色至深褐色，每毫米间有管口5～6个。菌柄侧生、背侧生或偏生，圆柱形或扁柱形，长7～19厘米，粗0.5～2厘米，与盖面同色或更深，有油漆状光泽。菌丝无色至深褐色，有分枝，直径1.7～5.2微米，无隔膜，亦罕见锁状联合，壁较厚。孢子卵形或顶端平截，9.5 ～ 13.8微米 ×6.9 ～ 8.7微米，双层壁，外壁平滑、无色，内壁有明显的小刺、淡褐色。

（二）生长发育条件

1. 营养

（1）碳源：灵芝不能利用无机态碳，只能利用有机态碳。在灵芝的栽培中一般利用段木（或称原木）、木屑、棉籽壳、稻麦草、蔗渣、甘薯渣、玉米芯等农林下脚料为原料，经降解后作为碳源。

（2）氮源：灵芝生长发育所需的氮素营养物质称为氮源。氮源包括有机氮和无机氮，灵芝主要利用有机氮，如蛋白质、蛋白胨、氨基酸、尿素等。菌丝能直接吸收氨基酸、尿素等低分子有机氮，而高分子的有机氮则必须通过菌丝分泌的蛋白酶将高分子的蛋白质水解成氨基酸，才能被吸收。灵芝对无机氮几乎不能利用，特别是硝态氮，不宜作为辅加的氮源。经实验证明添加适量的硫酸铵能取得增产效果，因为硫对灵芝的生长发育有一定的促进作用。

在人工栽培灵芝中，常用玉米粉、米糠、麸皮、豆饼、花生饼、菜籽饼以及尿素等作为有机氮源。添加到培养基中的氮源浓度不能过高，一般营养菌丝生长最适的氮源浓度为0.016% ～ 0.064%，而适宜子实体发生的氮源浓度比营养生长的最适范围小，为0.016% ～ 0.033%。氮源浓度过高，将引起菌丝徒长，延长营养生长期，推迟子实体发生。灵芝生长发育对碳源、氮源的吸收利用有一定的比例，灵芝的碳氮比为22 ： 1，即培养料中碳素重量占22份，氮素1份。碳氮比不当将造成灵芝生长发育不良。

（3）矿质元素：又称无机盐。分主要元素和微量元素两大类。灵芝需要矿质元素中的主要元素有磷、硫、钾、钙、镁等，微量元素有铁、铜、锰、锌、硼、钼、钴等。主要元素是细胞的组成成分、酶的组成部分，维持酶的作用，参与能量的转移，控制原生质的胶体状态，维持细胞的透性等；微量元素是酶活性基的组成成分或是酶的激活剂，需要量甚微。

灵芝所需的磷，主要是无机磷酸盐，如从磷酸二氢钾、过磷酸钙等获取磷元素，进入细胞后即被同化成有机的高能磷酸化合物和磷脂等。

灵芝所需要的硫从硫酸盐如硫酸镁、硫酸钙、硫酸锌及有机硫化物等中吸收。

灵芝栽培中培养基和水中均含有微量元素，一般不需外加。

(4) 维生素：对真菌作用最大的是维生素B、生物素及核酸等有机物质。维生素B包括硫胺素（维生素B_1）、核黄素（维生素B_2）、泛酸（维生素B_5）、烟酸（维生素PP）、吡哆素（维生素B_6）、叶酸（维生素（B_{11}）等。生物素（维生素H）较为稳定，它在糖和脂肪代谢中起催化作用。灵芝生长发育中需要微量的维生素，其中维生素B不能合成，一般需外加，以促进生长；其他维生素由培养基提供，因需要量极微，一般不需外加。

维生素在酵母、麦芽、马铃薯、米糠中含量较多，在用这些材料配制培养基时不必另添加。多数维生素不耐高温，灭菌时应防止温度过高。

核苷和核苷酸是促进子实体发育的因子，特别是环腺苷（cAMP），能使原来不能出菇的单核菌丝产生子实体。

2.水分 采用木屑、棉籽壳等代料栽培灵芝，由于基质间的孔隙度比段木高得多，培养基质含水量达65%时，乃有足够孔隙满足灵芝菌丝定植蔓延过程中对氧的需求。实践操作时，木屑培养基质要求含水量为65%为适宜（料水比为1：1.5），棉籽壳则需要更高一些，约1：1.8。含水量的测定可用水分测定仪，生产中一般采用手捏培养料，指缝中有一两滴水落下为适度。

总之，培养基质含水量偏干时菌丝难以定植生长，偏湿则缺乏空气产生厌氧呼吸，菌丝生长受阻乃至霉烂。

子实体发生阶段所需水分大部分是从培养基质中获得，但空气中的湿度也直接影响到具有分生能力的子实体顶端，湿度低则幼嫩的顶端会枯萎死亡，同时空气相对湿度越低则培养基中水分蒸发越快。因此，较高的空气相对湿度对灵芝子实体的生长发育是至关重要的。一般空气相对湿度80%～90%对灵芝子实体生长发育较为合适．最佳为88%～93%，空气相对湿度超过95%以上时，子实体生长顶端形成一层水膜，引起缺氧，子实体产生畸形；若空气相对湿度长期低于60%，则子实体生长顶端由洁白健壮变为灰色枯萎，生产中一般采用干湿交替的加水方法，确保子实体正常生长发育。

3.温度　灵芝属于高温型真菌，菌丝能在地下朽木或培养基质中越冬，翌年气温回升后继续生长，酷热的夏季也能正常越夏，因此菌丝对温度的适应范围较宽；但子实体的发生局限在夏秋，因此子实体对温度的适应范围比较狭窄。

灵芝菌丝生长温度范围为8～25℃，最适生长温度为25～30℃。高于30℃菌丝生长稀疏、细弱，36～38℃停止生长，39℃24小时内即死亡。菌丝耐低温能力较强，斜面培养基上的菌丝置0～4℃条件下，经60天转管处理后仍100%成活，而在−13～−12℃下10天后全都死亡。但在不同基质下其耐低温能力有所差异，以小米培养的菌丝，在0℃冰箱中保存一年以上仍有生活力。因此，灵芝能忍受最低温度范围在0～4℃之间。

灵芝是恒温结实性真菌，子实体生长发育所需要的最适温度基本上跟菌丝体相同，在25～30℃范围内均能正常生长，最佳为26～28℃，25℃时生长较慢，但质地较紧密，皮壳层发育较好，色泽光亮。子实体发生后，若温度忽高忽低易发生畸形。

4.光照　灵芝菌丝生长随着光照度增加而减慢，黑暗条件下菌丝生长最快，当照度增加到3 000勒克斯时，单位时间内菌丝的生长速度不到黑暗条件下的一半。因此，光照对灵芝菌丝生长有抑制作用。据有关实验证明，黄光对菌丝生长抑制作用最强，蓝光次之，绿光更次，红光的抑制作用最小。

灵芝子实体发生阶段对光照十分敏感，子实体分化时需漫射光的刺激，在微弱光与黑暗下不能形成菌盖和子实层，光照不足子实体瘦小、生长缓慢、发育不正常。子实体具有明显的向光性，子实体偏向光源方向生长，若光源变化无常子实体易发生畸形。幼嫩子实体对光照更敏感，向光性更强，长大后向光性减弱或消失。

5.酸碱度　菌丝生长对pH要求的范围较广，一般应用饮用水来配制灵芝培养基，菌丝均能正常生长。据广东微生物研究所测试，灵芝菌丝在pH4～9范围内均能生长，最适pH4.3～6.5。

随着灵芝菌丝量的增加pH有明显下降的趋势，当降至pH 4以下时，菌丝就不能继续生长。因此，在生产中配制培养料时需添加1%左右的硫酸钙（石膏粉）或碳酸钙作为酸碱缓冲剂，防止菌丝生长中培养料产酸过量。

二、主要栽培品种

目前国内灵芝生产主要采用的是赤芝类型品种。赤芝易栽培，产量高，且有机锗含量高，孢子粉多，医用价值和经济效益都很好。生产上的主栽品种有以下五种：

1. 南韩灵芝　菌丝生长快，抗污染力强，产量高。菌盖圆正，直径大，较厚，子实体成熟期菌盖周边呈双层边，颜色较深，深红色，菌柄短。含锗量高，是我国目前主要的出口品种。

2. 泰山10号　菌丝生长快，抗污染力强。菌盖圆正，直径大，较薄，呈深红色，菌柄短。成熟子实体晒干或烘干周边易内卷，菌盖背面呈白色。

3. 泰山12号　菌丝生长快，抗污染力强。菌盖圆正，深红色，直径大，菌柄短，菌盖背面呈黄色。

4. 日本赤芝　抗逆性强，产量较高。菌盖直径中等，较厚，红色较浅，背面较黄，柄粗呈半球形。

5. 川芝　菌盖圆正，红褐色，菌盖较大且较厚实，柄短，适温范围较广，在10月仍有芝蕾生长，但抗污染力较弱。

三、菇棚建造与设施配置

制种场所分两种，一种是农户以栽灵芝子实体为目的的菌种室，另一种是专门提供灵芝各级菌种的菌种场（厂）。

农户生产灵芝菌种，一般是向菌种厂购进母种或原种，自行扩制栽培种用于生产。菌种扩制所需的场地、器材等比较简单，一般可因地制宜，利用空房、旧房进行改造，也可因陋就简，利用廉价的材料进行搭建。菌种室主要分冷却间、接种间和培养间等。各间要求平整光洁，门窗既能通风、透光，又能密封、遮光和利于拖洗、消毒、通气、控温等。培养料的拌制、分装，灭菌及洗涤工作可在室外棚下进行。

　　栽培阴棚的搭建，在南方，灵芝栽培场最好选择在海拔300～500米的山谷开阔地，注意避开山洪可能冲刷的地带，以坐北朝南或东南的向阳谷地为好，四周有绿树成林或一面临向溪水，可减轻夏季热辐射，平原地区可选择在水库库区周边，选择场地宜7月份平均气温在27～29℃范围内，10℃年积温在5 700～6 900℃为宜，其中达22℃的应有120～150日。

　　此外，应注意灵芝栽培场地应远离村庄，其栽培场地的土质及水质也应该进行化验，保证重金属含量符合栽培要求，即土壤中不含铅、砷、汞这类对人体有害的重金属。

　　荫棚搭建，高2米，四周用草帘或树枝做成围墙，顶部用茅草遮盖，遮盖密度达80%。

　　也可采用黑色遮阳网膜代替草棚，不但能有效控制棚内温、湿度，还能增加网棚的高度，方便冬季拆棚收膜保藏。虽然采用遮阳网一次性投资较大，但因能使用多年，其投入费用较用草棚为低，而且搭建省工，管理方便。遮阳网密度要达到90%以上，四周最好搭草帘，既降温，又保湿。

　　选择排水良好、地势开阔、土质疏松偏酸性、水电方便的地方为出芝场，并提前一个月作好场地的整理工作。场地使用时间一般

灵芝栽培大棚

2～3年，埋土前，场地于晴天翻土深20厘米，去除杂草石块、暴晒后作畦。按"一畦一厢"的要求，整理成高15～20厘米的畦，畦宽1.0～1.2米，畦长依场地而定，但最长不超过10米。场地四周应开好排水沟，畦以南北走向为好。

畦上建40～45厘米高的塑料拱棚，采用2米宽的农用薄膜，每天通风换气一次，每次30分钟，方法是把薄膜两头掀开。如遇阴雨天气，通风时间还要适当延长。

四、原料选择与配方原则

原料配制时，应严格控制物质的浓度，不是多多益善，随心所欲，某物质浓度的过高过低都会影响灵芝的正常生长；重视物质的配比，特别是碳氮比，增加氮源能促使菌丝迅速生长，而氮过多则影响子实体发生；调节适宜的酸碱度，灵芝菌丝适于微酸性环境中生长，若某些物质和所用水的碱性偏高，需加酸予以纠正；配制培养基时应明确培养的目的，如生产灵芝菌种时适当增加氮源，有利于菌丝体迅速旺盛生长，但以获得子实体为目的则不需添加过多氮源。在灵芝大面积生产中培养基（料）用量很大，以农业废弃物及菌草类作为灵芝培养是今后的发展方向。

可选用如下配方：

杂木屑80%，玉米粉5%，麸皮13%，石膏1%，过磷酸钙1%；

杂木屑40%，棉籽壳40%，麸皮18%，石膏1%，过磷酸钙1%；

杂木屑15%，棉籽壳70%，麸皮13%，石膏1%，过磷酸钙1%；

杂木屑77.8%，玉米芯10%，玉米粉12%，尿素0.2%。

五、培养料清洁处理

1. 装袋　袋装一般采用15厘米×35厘米×0.005厘米的折角聚丙烯袋，每袋装干料约400克。装料时分层压实直到袋口约8厘米时，料面用手压平实，收拢袋口套上塑料套环，直至紧贴料面，将袋口薄膜下翻至套环底部往上塞紧，然后做好棉塞。也可在袋口直接套塞上无棉盖体。

2. 灭菌　分高压灭菌和常压灭菌两种。高压灭菌时，升温和降温要缓慢，保温期间压力要稳定。生产上常用常压灭菌，装袋结束后应及时灭菌，避免培养料变质。常压灭菌应在5小时内使灭菌灶内温度达102℃，当灶内温度达到100℃时，菌棒内中心温度应在93℃左右。经过4～5小时，湿热蒸气才能穿透到料袋中心，达到热平衡。灭菌时间从温度达到102℃开始计时，持续保温14～16小时，才能达到彻底灭菌的效果。灭菌后，锅内温度降至40～45℃时，趁热将灭好菌的袋搬入冷却室。

六、播种发菌

1. 接种 接种前料瓶的消毒处理与原种一样，严格无菌条件和无菌操作。若栽培种数量大，接种箱、室一时周转困难，或出锅后一时冷不下来，可将料袋先放入冷却室，用消毒药品熏蒸，边消毒、边冷却，而后再移入接种箱、室内消毒，接种时可单人操作，也可双人操作。单人操作时应将原种菌丝体挖松，置木匣架上，瓶口对准火焰，用接种铲铲取一匙移入料袋内；双人对置操作时，一人取放料袋和启闭棉塞，另一人专管铲接菌种。接种前将料袋紧密排放在接种室台面或地面上，旋松棉塞，熏蒸消毒，然后双手、菌种袋用75%酒精擦拭消毒，拔去棉塞，瓶口经火焰灼烧，以无菌刀具捣松菌种，左手打开棉塞，右手将种瓶对准料袋口，倾注入少许菌种，塞回棉塞。

2. 发菌管理 接种后的菌袋搬入通风干燥的培养室或遮阴、遮雨、保温、保湿、通风、光线较暗的室外培养场地摆放。气温低于20℃时，接种后应即加温3～4日，保持室温22℃左右。菌丝萌发生长后，首先在形成层生长，并形成明显的菌丝圈。然后逐渐进入木质部和髓部沿维管束生长，接种后的15天内是管理的关键，这阶段的管理主要是通风、降湿、防杂菌。

七、菌丝后熟处理

随着菌丝生长旺盛，呼吸量加大，菌袋内开始产生水珠，此时应加强通风降湿，其方法依不同地点、不同季节、不同含水量、不同培养环境采取不同的相应措施。如在冬季培养时，可剪去菌袋双角去水后塞上无菌棉花，造成袋内空气对流而达到去湿目的，还可采用注射针抽出积水，然后用胶布封死扎破口等措施。加强通气，可使表面干燥，抑制杂菌生长，促进菌丝向内部生长。如含水量高，袋内湿度大的菌袋要通过加大通气以达到去湿目的。在培养室较干净、干燥的地方，可对空间灭菌后将袋口解开。灵芝菌丝一旦定植后会逐渐形成红褐色菌被，其他杂菌难以定植。在室内培养周期约30～50天，气温低可稍长些。

八、出芝管理

当灵芝菌丝全部长满后，选择气温在20℃以上的晴天进行覆土。先在畦上开沟深20厘米，在白蚁发生的场地先在沟底撒些灭蚁药物（灭蚁灵等），覆少许土后再将菌袋放入。

当菌袋下地后，要在其上覆盖3～4厘米厚的疏松干燥的沙壤土，然后在土层上再覆一层地膜，这样不但可防止喷水时沙土溅在芝盖上，而且可以防止杂草丛生以及表层土壤干裂。覆土后，土壤干燥的应喷一次水。越冬期间土壤偏干，应加厚覆盖草层。

北方地区最好采用地下室或半地下室的日光温室作菇棚，这种菇棚具有增温保湿性能，菇棚采光角度大于30℃，能很好地利用光能达到保温效果。另外，要采用遮阳网或草帘，调节菇棚内的温湿度。

埋土后，如气温持续在25℃以上，通常1～2周即可出现子实体。芝蕾露土时顶部呈白色，基部为褐色。菌柄达一定长度，当通气量、温度、湿度、光照等条件都适宜时即会分化出菌盖。因此，出芝管理重点是水分、通气、光照三要素的调节。

1. 调水　根据土质、气温、阴棚保湿程度、芝体长势等情况，判断喷水量，在芝蕾露土、菌盖出现前，保持棚内相对湿度80%～90%，使土壤呈疏松湿润状态。土质松、子实体发生多时，要多喷水；气温低、阴雨天、土质较黏时少喷水或不喷水。水质要干净，并选用雾点较细的喷头朝空间喷雾，让雾点自由落下。芝体采收后应停止喷水或少喷水。采用微喷技术能较好地满足灵芝对水分及保持菇棚湿度的要求。该技术采用双向微喷管，雾滴直径为0.2～0.4毫米，喷洒均匀度高，空气湿度可迅速达到90%以上。

灵芝子实体生长喜欢恒温高湿，但原基生长阶段，要求高湿而不见水；菌盖对外伸展阶段，要求喷水量较多，而且加大空间湿度；子实体成熟阶段，要求低湿而不见水，保持空间湿度；后熟阶段要加大通风，进行干燥处理。

2.通气 灵芝为好气真菌，气温正常情况下，每天应打开薄膜两端通气30分钟，气温高时注意降温和加大通气量。气温低时可只在中午打开通气。畦内二氧化碳浓度超过0.1%时，会出现畸形菇。当温度达到28℃时能使菌盖迅速增大。变温不利于子实体发育，容易产生厚薄不均的分化圈，产生畸形。因此，处理好温度、湿度与通风透气的关系是灵芝子实体生长好坏的关键技术。

3.调节光照 灵芝生长要避免阳光直射。灵芝的趋光性很强，光线过弱，子实体柄长、菌盖发育不良，当灵芝子实体出现时，为了得到品位高的菌体，要采取去细存粗、去劣存强的方式，对灵芝进行修剪，每袋留下一个芝体。当菌盖开始生长时，用竹、木等物将两朵相隔太近的菌柄轻轻撑开，或移动菌袋让其各自成芝。当芝棚中长出杂草时，应作好锄草工作，拔草还可以减少虫害以及蜘蛛对菌盖的伤害，减少背面疤痕的产生。灵芝子实体生长过程中，还要注意病虫害防治，主要是以防为主，防止害虫侵入。一旦发现有虫害，则只能勤下地、勤捕捉，避免喷施农药。

芝 蕾

成熟子实体

九、产品干制

（一）灵芝子实体采收和保存

当芝体菌盖不再增大、盖面色泽同柄、盖边缘有同盖色泽一致的卷边圈、有褐色孢子飞散、盖背面色泽一致时，便可采收。从芝蕾出现到采收一般需要40～50天。采收时可用果树剪或手将芝体从柄基部剪下或摘下。剪下芝体后的剩余菌柄也应摘除，否则很快从老柄上方长出朵形很小或畸形芝体。第一批子实体采收后，不久会出现第二批芝体，依段木直径大小不同可收芝2～3茬。采下的鲜芝不应用手接触菌盖下方，也不使子实体相互碰撞。子实体亦不能用水洗。剪去过长的菌柄后，去除泥沙和杂质，单个盖面朝上排列在盘或筛上置烘房中烘干。烘烤温度从35℃开始，每升高5℃保持1～2小时，直到55℃，这样烘烤可保证菌盖背面米黄色定色过关，得到最佳品质的灵芝。芝体含水量达到11%～13%即烘烤完毕，可置薄膜袋中保存。

灵芝干品

灵芝子实体质量的分级标准，各地略有差异，现介绍一种分级标准供参考：

特级：菌柄长度2～2.5厘米，菌盖直径15厘米以上，菌盖背面金黄色或淡黄色，含水量12%以下，无虫蛀、霉斑，单生。

一级：菌柄长2厘米，菌盖8厘米以上，含水量12%以下，质地坚硬，盖缘整齐有光泽，菌盖中心厚度1厘米以上，盖背面淡黄或金黄色，无虫蛀、霉斑，单生。

二级：菌柄长3厘米以下，菌盖8厘米以下，含水量12%以下，质地坚硬，有光泽，盖中心厚度1厘米以上。盖背面乳白或淡黄。

（二）灵芝孢子粉采集和保存

大面积栽培灵芝孢子粉的采集可用两种方法：

1.地膜覆盖采集法 在灵芝进入成熟期后，发现部分灵芝边缘黄色圈尚未消失，但地下已发现有棕红色粉末出现，说明灵芝孢子粉已开始喷发，此时可把地膜按照灵芝的行距裁成比行距略宽的长条，双层铺在灵芝菌袋之上菌盖之下。停止喷水，拱膜两端用竹片支起两个圆孔，日夜敞开，洞口比拱棚略小，既能加强通风，又可防止孢子粉逃逸。采粉期为25～30天，主要根据天气情况，温度高则提前采收，温度低时可略晚几天收粉。收粉时先把灵芝采掉，用毛刷把芝盖上堆积的孢子粉刷去，放在洗刷干净的容器内，灵芝另外单放。随后两人从两头轻轻拿起上层地膜，把地膜上收集的孢子粉倒入准备好的容器内，因刚采集的孢子粉还含有20%～30%的水分，所以采收到家的孢子粉要及时通过阳光暴晒，把水分晒干至11%左右，然后用塑料薄膜袋密封包装，可放半年左右不变质。

2.套袋采集法 套袋采集时机掌握与地膜采粉相同，在采粉时先用比灵芝菌盖稍大、两头不封口的塑料薄膜筒袋把灵芝菌盖套住，

把塑料筒膜的下部与灵芝菌柄一起用细线扎住，然后用长35厘米、宽15厘米、厚1.5毫米的纸板，卷成比灵芝菌盖稍大的纸筒，插入薄膜筒内，顶部用相同纸板盖上。这种方法得粉率高，但由于筒内湿度较大，塑料拱棚两头要敞开通风，否则易引起孢子粉霉变，在阴雨天

孢子粉收集

气要加强两头通风，无雨天气可把拱棚膜全部掀掉通风，集粉时间不宜超过30天，总体来讲，套袋粉的质量比地膜粉的稍差，但套袋粉杂质少，地膜粉杂质多，得粉率低。

十、病虫防控

灵芝规模生产和普及时间尚短暂，国内对灵芝病虫害的深入系统研究报道很少。这里，仅将灵芝生产中常见和为害较严重的病虫害简要介绍如下。

1.毛霉　毛霉属接合菌亚门，结合菌纲，毛霉目，毛霉科，毛霉属。毛霉长得很快，分解蛋白质和淀粉能力很强，与灵芝菌丝争夺养料、水分，同时菌丝交织成稠密的菌丝垫，使培养料与空气隔绝，抑制灵芝菌丝正常生长。在外观上，大毛霉能从菌丝垫上形成许多圆形灰褐色小颗粒的孢子囊，总状毛霉为黄褐色，微小毛霉为褐色。

防治方法：

（1）保持环境洁净卫生，选用干燥、新鲜的培养料，使用前暴晒2天，或集中堆制发酵晒干后备用。

（2）培养料含水量适中，灭菌必须彻底，杜绝棉塞沾湿，菌丝培养阶段室内相对湿度控制在60%左右，保持空气清新。

（3）培养料添加0.1%甲基托布津或多菌灵拌料。

（4）接种时严格无菌操作。

2.曲霉　曲霉属半知菌亚门，丝孢纲，丝孢目，丛梗孢科，曲霉属。曲霉种类很多，为害较普遍的为黄曲霉和黑曲霉。基质被黄曲霉污染后，菌落呈黄至黄绿色，黑曲霉呈黑色，生长蔓延很快，吸取养料和水分。黄曲霉分泌的黄曲霉素是一种很强的致癌物质。黑曲霉和烟曲霉产生高浓度的孢子侵入肺内易产生曲霉病或称为"蘑菇工人肺病"。

防治方法：

（1）搞好培养室、栽培场等的卫生工作，杜绝污染源。

（2）培养基严格灭菌，木屑、秸秆料等需暴晒后堆制或灭菌。

（3）拌料时添加施保功或多菌灵能抑制黄曲霉和黑霉的生长。

3. 青霉 青霉属半知菌亚门，丝孢纲，丝孢目，丝孢科，青霉属。生产中污染较多的种类为产黄青霉、圆弧青霉、苍白青霉等。菌丝初期白色，可形成圆形菌落，呈粉末状。随着分生孢子大量发生，颜色变为蓝绿色，生长期间常见到菌落边缘有宽 1～2 毫米的白色圈。扩展较慢，有一定局限性。老菌落表面常交织形成一层膜状物覆盖在料面，使之与空气隔绝。菌丝分泌毒素，使灵芝菌丝生长受到抑制乃至死亡。

防治方法：

(1) 做好制种和栽培场地的清洁卫生，加强通风透光，防止青霉滋生、蔓延。

(2) 菌丝培养阶段，培养室相对湿度控制在 60% 左右，避免高温、高湿。

(3) 栽培袋局部染菌后，用 15% 甲醛溶液注射。段木发生时用石灰水洗刷。栽培场地喷洒 1：800 的 70% 甲基托布津。

4. 链孢霉 链孢霉又名串珠霉、脉孢霉、红色面包霉。属子囊菌亚门，子囊菌纲，粪壳霉目，粪壳霉科。无性世代为半知菌亚门，丝孢纲，丝孢目，丝孢科，链孢霉属。主要为害种为好食脉孢霉。在料面或棉塞上迅速形成蓬松的霉层，即孢子堆，能在 1～2 天内污染整个培养室，生活力极强，能冲破塑料袋向外生长，致使整个制种和栽培失败。

防治方法：

(1) 培养料需新鲜无结块、霉变，使用前经暴晒，灭菌需彻底，防止棉塞沾湿。

(2) 培养场地、床架、墙壁等用 500 倍 70% 甲基托布津药液喷洒。

(3) 对轻度棉塞感染，在无菌条件下将瓶口和棉塞经火焰灼烧，棉塞沾石灰粉塞回原处；若栽培袋污染但灵芝菌丝生活力仍然很强，可在树荫下挖土 30～40 厘米，将菌袋排下，覆上湿润土，约半个月脉孢霉即消失；若严重污染，应及时清除烧毁或深埋，防止分生孢子再次扩散侵染。

5. 绿色木霉 绿色木霉属半知菌亚门，丝孢纲，丝孢目，丝孢科，木霉属。菌种扩制和栽培过程中都会受到本霉的侵染为害。绿色木霉对环境的适应性很强，所含有的纤维素酶、纤维二糖酶等活性很高，在富含木质素纤维素的基质上极易发生，一旦侵染后生长和发展很快，整个料层呈现一片绿色，且分泌毒素，破坏寄主的菌丝和细胞质，使寄主很快死亡。

防治方法：

(1) 以防为主，做好生产场地的清洁卫生工作，配料需新鲜、足干，配比需正确，灭菌需彻底。

(2) 制种时发现污染应弃去重做。栽培袋污染时，轻者可挖去病灶，局部撒石灰粉或杀菌剂，严重者应烧毁。段木栽培时局部染菌，用利刀削去发病部分树皮及木质，涂撒杀菌剂，若污染严重，分布较广，应集中烧毁。

(3) 拌料时添加 0.1% 的 70% 托布津，经高压灭菌能达到较好的防治效果。

6. 白蚁　白蚁即白蚂蚁，别名家白蚁。属昆虫纲，等翅目。蛀食灵芝段木，顺木纹穿食，与灵芝争夺养料，严重影响菌丝生长，段木被蛀空，造成减产或绝收。

防治方法：

(1) 选场应避开蚁源，场内及周围应清除树桩及杂草。

(2) 与当地白蚁防治所联系，根据蚁种和活动情况在他们的指导下喷施针对性的药物进行毒杀。

(3) 栽培场周围埋入松木、蔗渣，并掺入灭蚁药诱集杀灭隐藏蚁。

(4) 场地四周挖 50 厘米深、40 厘米宽的环形坑，以防白蚁入侵。

(5) 采用浸、灌水法淹死或驱除白蚁，再用灭蚁药毒杀。

7. 灵芝谷蛾　灵芝谷蛾属鳞翅目，谷蛾科。幼虫蛀食贮藏灵芝，严重时可将子实体蛀食成粉末。

防治方法：

(1) 栽培期间发现，人工捕捉，贮藏前应将子实体暴晒 2 天，密封后保藏，或仓库用磷化铝密封熏蒸。

(2) 低温保存，子实体晒干后密封后置 5℃ 以下仓库内，可防止谷蛾发生。

8. 蛞蝓 蛞蝓别名水蜒蚰、鼻涕虫等。属软体动物门，腹足纲，柄眼目，蛞蝓科。为害食用菌的种类有野蛞蝓、双线嗜黏蛞蝓和黄蛞蝓。取食菌蕾和子实体幼嫩部分，使之成缺刻或锯齿状，失去商品价值。经蛞蝓爬行过的子实体，常留下一条白色黏质带痕，影响产品质量。

防治方法：

（1）清除栽培场及周围的杂草、枯枝落叶、石块等，使蛞蝓无藏身之地，地面撒石灰粉或喷洒0.3%～0.5%的五氯酚。

（2）利用蛞蝓昼伏夜出、晴伏雨出的习性，进行人工捕杀。

（3）在蛞蝓常出入处喷洒5%煤酚皂液，有较好的防治效果。

（4）用砷酸钙与饼粉按1∶10制成毒饵，傍晚撒在场地附近。

第十节　蛹 虫 草

到目前为止，全世界已报道的虫草属真菌近400种，而我国已报道的有108种。虫草属中常见的种类有冬虫夏草、蛹虫草、蝉花、霍克斯虫草等，冬虫夏草和蛹虫草是虫草属中最重要的2个种。冬虫夏草最为珍贵，与人参、鹿茸并称为中药宝库中的3大补品，目前尚不能人工栽培，而野生冬虫夏草资源在逐年下降，无法满足日益增长的市场需求。因此，作为冬虫夏草的替代品，蛹虫草的商品化生产应运而生。

蛹虫草是一种具有食用和药用价值的大型真菌。研究表明，人工栽培的蛹虫草与野生的冬虫夏草相比，主要的营养及药用成分与冬虫夏草接近，有的成分甚至远高于冬虫夏草。目前，已形成蛹虫草产业化栽培在全国推广，以蛹虫草为原料生产的各类药品、保健食品已逾30种，具有很好的市场前景。

一、生物学特性

（一）形态特征

蛹虫草属子囊菌，它的无性世代为虫草拟青霉（*Paecilomyces*

militaris Liang）。其菌丝有隔管状，无色透明，顶端可形成分生孢子梗。分生孢子球形或椭圆形，链状排列，分生孢子梗单生或轮生，菌落白色，见光后转色呈淡黄色或橙黄色。菌丝转色后，菌丝体扭结形成原基，原基继续生长形成子座，进入有性生殖阶段。子座长而直立，有柄，棍棒状，单生，少数丛生，长 0.8 ～ 8 厘米，粗 0.2 ～ 0.9 厘米，明显分为柄部和上部可孕部。子座上部可孕部分埋生或半埋生子囊壳。子囊壳的孔口突出子座表面，呈毛刺状；柄部没有子囊壳，光滑，柄长 1.5 ～ 6.0 厘米；子囊壳中有多个圆柱形子囊，每个子囊中有 3 ～ 8 个线状子囊孢子在子囊内并排排列，大多数为 8 个，成熟的线状子囊孢子在子囊中断裂成小段，形成次生子囊孢子。野生的子座可孕部为橘黄至橘红色，柄的颜色浅，灰白色至浅黄色。寄生的蛹体长 0.8 ～ 3.0 厘米，粗 0.5 ～ 1.3 厘米，深褐色或土褐色。用大米、小麦、玉米等培养料进行人工栽培时，基质为浅黄色或橘黄色，子座单生或分枝状发生，子座通体橘黄色或橘红色，长 3 ～ 16 厘米，粗 0.2 ～ 0.6 厘米。子座上部具有细毛刺，下部（柄）光滑，柄长 2 ～ 8 厘米，粗 0.15 ～ 0.5 厘米，基部料面有气生菌丝蔓延性生长。

（二）生长发育条件

1. 营养

（1）碳源：蛹虫草真菌可利用的主要碳源物质是葡萄糖、蔗糖、麦芽糖、淀粉、果胶等，单糖或双糖的速效碳源的利用效果明显好于淀粉等缓效碳源。生产栽培的最终目的是获得子实体产量，同时兼顾成本，因此多以速效碳源与缓效碳源混合使用。

（2）氮源：蛹虫草真菌既可利用有机氮源又可利用无机氮源，有机氮源如蛋白胨、豆饼粉、酵母膏、蛹粉等的效果明显好于无机氮源的硝态氮和铵态氮。

（3）矿质元素：蛹虫草菌丝及其子实体生长中必不可少的营养还有矿质元素，如磷、镁、硫等元素，培养基中应酌量添加。

（4）生长因子：大多数真菌属于营养缺陷型，蛹虫草真菌也不例外。适量添加生长素等生长因子能有效刺激和促进蛹虫草菌丝及子实体生长发育，提高生物产量。培养基中大多采用天然有机物质如酵母膏、麦麸等，以保证虫草菌对生长因子的需求。

（5）碳氮比：合理的基质碳氮比是人工栽培蛹虫草的必需条件，否则将导致或者菌丝生长缓慢或者气生菌丝生长过旺，难以发生子实体；即使有子实体生长，子实体的产量和质量均有不同程度的下降。在实际生产中，碳氮比以4∶1～5∶1为宜。

2. 水分　水分是菌丝及子实体生命过程中必不可少的溶剂，蛹虫草所需水分的绝大多数来自培养料。因此，调节培养料中适宜的含水量十分重要，它直接关系到蛹虫草的生长发育。实际生产中，基质含水量宜调制在60%～65%，菌丝培养阶段空气相对湿度保持在70%～90%，形成原基后空气相对湿度应加大，调制80%～95%为宜。

3. 温度　蛹虫草菌丝生长温度为5～30℃，最适生长温度为18～23℃，原基分化温度在15～25℃。蛹虫草栽培实践证明，恒温条件下可以形成原基，但适当的温差（不一定很大，一般3～5℃即可）有利于刺激原基形成。子实体生长温度为10～25℃，最适温度为20～23℃。在蛹虫草栽培过程中，10℃以上的较低温度对菌丝和子实体生长的影响仅表现在生产周期延长。25℃以上的较高温度，虽然生产周期缩短，但污染率上升，虫草品质下降，最高温度应严格控制在26℃以下。

4. 氧气　蛹虫草与其他食用菌一样，生长发育同样需要氧气，尤其原基分化后需氧量明显增多。因此，栽培环境保持空气流通，以保证氧气的供应，在原基形成后要破膜打孔通气。

5. 光照　蛹虫草栽培前期即菌丝发菌阶段，强光照对菌丝生长有抑制作用，通常在弱光照条件下发菌。栽培实践证明，在完全黑暗的条件下发菌，虽然菌丝生长快速，但气生菌丝过度发达，菌丝层厚，消耗营养多，不利于后期虫草原基发生。在发菌结束后需要200～800勒克斯光照刺激、转色。在转色期间，每天光照时间10小时以上，菌丝转色好，出现原基早。

6. 酸碱度　蛹虫草的菌丝生长阶段pH5.0～7.0，最适pH5.5～6.5。子实体生长阶段最适宜pH6.0左右。人工栽培生产时，基质可调至pH6.5～7.5。灭菌后，pH 0.2～0.4，后期菌丝大量生长至子实体生长阶段，pH 6.0左右。

二、主要栽培品种

目前尚未有蛹虫草品种经过国家品种认定或审定，选购栽培品种需要注意以下几点：

首先，生产用的蛹虫草菌种必须具有优良的结实性，生产者应从正规科研部门购买，先进行对比。一般来说，具有结实性的优良菌株在培养基表面易分泌橘黄色物质，菌丝体在光照的刺激下也易变为橘黄色或橙黄色。若培养基表面有紫色或紫红色分泌物，则表明该菌种已严重退化，应弃之不用。生产前需作出草（子实体）试验，以保证菌种确实可用。

其次，优良菌种应具有抗性强、生长旺盛、出草快、出草均匀、转化率高等特点。母种外观应选择菌丝粗壮、萌发力强的菌种。

第三，购种时要避开高温天气，避免菌种因受热老化、生活力衰退，影响长势。

三、菇房建造与设施配置

1. 场地选择　场地选择基本要求地势高、通风良好、排水畅通、交通便利，栽培室宜为平房。环境卫生要求至少500米之内无污染源（如水泥厂、砖瓦厂、石灰厂、木材加工厂、农药厂和化工厂等），生产加工用水应符合GB 5749—2006生活饮用水卫生标准。

2. 厂房设置和布局　应建有摊晒场、原料仓库、配料室、灭菌室、冷却间、接种室、发菌室、培养室、储藏室等，生产用房从结构和功能上满足食用菌生产的基本需要。如果房间配备温控设备，则可实现周年生产。

摊晒场要求平坦高燥、通风良好、光照充足、远离火源，用水泥铺面。原料仓库要求平坦高燥、通风良好、防雨淋、远离火源。配料室要求水电方便，空间充足；如安排在室外，应有天棚，防雨防晒。灭菌室要求水电安全方便，通风良好，空间充足，散热排水良好。冷却间洁净、防尘、易散热。接种室设缓冲间，防尘换气性能良好，内壁和屋顶光滑，经常清洗和消毒，做到空气洁净。发菌室和储藏室内壁和屋顶光滑便于清洗和消毒，避免光照，加厚墙体，利于温控。培养室内壁和屋顶光滑便于清洗和消毒，加装日光灯，增加光照，加厚墙体，利于温控。

目前蛹虫草生产模式主要是利用罐头瓶或专用器皿进行生产，罐头瓶可采用立式也可采用卧式。

立式和卧式生产模式

四、原料选择与配方原则

1. 原料选择　人工蛹虫栽培基质主料为大米、小米、小麦、大麦等禾谷类原料和蚕蛹粉，并添加葡糖糖或白糖、无机盐（磷酸二氢钾、硫酸镁）、维生素B_1，也可根据需要添加特殊物质，如柠檬酸三氨、酵母粉、奶粉、鸡蛋清、蛋白胨、豆粕、豆粉、玉米粉等。大米、小米、小麦、大麦等禾谷类原料和蚕蛹粉应无异味、无霉变、无有毒有害杂质；蚕蛹粉必须选择缫丝后及时清洗的蚕蛹，晾去外表水分后，立即在60℃低温下烘干，并在粉碎前经过人工粒选，剔除颜色变深发黑的劣质蛹。蛹粉必须在低温下密闭、干燥保存，以防止生虫和霉变。

2. 生产常用配方

大米68%，蚕蛹粉26%，葡萄糖5%，蛋白胨1%，维生素B_1微量（1 000毫升水加2～3毫克）。

大米93%，葡萄糖2%，蛋白胨（鸡蛋清）2%，蚕蛹粉2.5%，柠檬酸三氨0.2%，硫酸镁0.2%，磷酸二氢钾0.1%，维生素B_1微量

（1 000 毫升水加 2 ～ 3 毫克）。

小麦85%，白糖（葡萄糖）2%，蛋白胨2%，蚕蛹粉10%，柠檬酸三氨0.2%，硫酸镁0.1%，磷酸二氢钾0.1%，酵母粉0.8%，维生素B_1微量（1 000 毫升水加 2 ～ 3 毫克）。

小麦95%，白糖（葡萄糖）2%，蛋白胨0.5%，蚕蛹粉2%，硫酸镁0.4%，磷酸二氢钾0.1%，维生素B_1微量（1 000 毫升水加 2 ～ 3 毫克）。

3. 装瓶灭菌 定制原料定量盛装容器，要求误差在 1 ～ 2 克以下；制做定量装水（或营养液）的容器，要求误差2 ～ 3毫升。用特制容器快速分装，用透明的聚丙烯膜和皮筋封扎。熟练工每小时装200 ～ 300瓶。

用高压蒸气灭菌，0.15毫帕，45分钟。压力自然降至零时，打开灭菌器，取出栽培瓶，放置到接种房间自然冷却至28℃以下。用蒸锅常压灭菌，需要在100℃下连续灭菌8 ～ 10小时，自然冷却至50℃以下，取出灭菌栽培瓶，其他操作同高压蒸气灭菌。

装瓶灭菌

五、播种发菌

（一）菌种生产

蛹虫草的人工栽培至今已近20年，从当初的固态菌种到现在，已经完全达到液态菌种化。液体菌种及其接种技术，为蛹虫草产业化栽培生产和快速发展奠定了基础。

1. 培养基配方 新鲜土豆（去皮，去芽眼）100克（切成大小为1厘米块，沸水煮30分钟，过滤取汁），葡萄糖15克，蔗糖10克，淀粉5克，蛋白胨5克，酵母膏3克，磷酸二氢钾1克，磷酸氢二钾1克，硫酸镁1克，自来水1 000毫升。

新鲜麦麸50克（沸水煮30分钟，过滤取汁），葡萄糖15克，蔗糖10克，淀粉5克，磷酸二氢钾1克，磷酸氢二钾1克，硫酸镁1克，蛋白胨5克，酵母膏3克，自来水1 000毫升。

葡萄糖20克，蔗糖10克，淀粉5克，蛋白胨5克，酵母膏3克，磷酸二氢钾1克，磷酸氢二钾1克，硫酸镁1克，自来水1 000毫升。

2. 培养基配制与菌种检验 约800毫升水（或汁）加热至沸，加入事先用少量温水（如100毫升）溶化的淀粉浆。加入酵母膏、蛋白胨，搅拌溶化；按照剂量大小依次加入其他试剂，搅拌溶化，定容至1 000毫升。分装入250毫升的瓶内，每瓶装100～120毫升；用2层聚乙烯膜、2根橡皮筋封扎。

放在121℃高压蒸气下灭菌25～30分钟。待高压蒸气灭菌器压力降为零时，取出放置在无菌室冷却至室温。

无菌条件下，接种斜面菌种1厘米²左右。自制往复摇床，50～80转/分钟，温度23℃，培养5～6天。每天检查2次。如泡沫过多，菌液浑浊，菌球异常，则予淘汰。

选择菌球数量多、小而密、均匀分布、菌液澄清的菌种，在5～10℃、200勒克斯光照条件下放置2～4天，观察菌液上沿菌丝的转色情况，选择转色快而深的菌种。菌种的无菌检验和转色观察是关键，在没有经验的情况下，可进行预备实验或预接种观察。

液体菌种培养前后对比

3. 接种 用接种枪进行接种。接种枪用沸水煮30分钟灭菌处理，当天灭菌当天使用。换菌种时，接种枪吸射75%的乙醇2～3分钟后，吸射无菌水除去乙醇。也可采用液体菌种稀释后直接倒洒的方式接种。将液体菌种稀释5～10倍作接种的菌液（一般用带胶塞的500毫升滴流瓶装），稀释液配方为上述3个配方（除去淀粉）中的任意一个的无菌营养液。需在无菌条件下稀释菌种。

接种的无菌室或接种间事先用药剂熏蒸；接种枪吸收的剂量可在0.1～2.0毫升范围调节，一般为1.0～1.5毫升，连续接种2～3枪。尽量使接种的菌液在料面均匀分散。接种枪的吸液针头插入菌种瓶胶塞，同时插入16号针头（此针头的一端包扎无菌棉花纱布进行过滤除菌）保持通气。接种枪的注射针头要钢化淬火，保持锋利。接种要熟练，尽量减少接种操作的时间，一般每人每小时可接种2 000～2 500瓶（不计搬运）。

接种后的栽培瓶平放保持24小时，使菌种渗透到培养料中尽快定植；24小时后可以上架发菌。注意上架过程尽量做到清洁操作、轻拿轻放。也可在灭菌后直接上架，在架上进行接种操作，但要注意接种点在瓶底部的上方，接种菌液靠重力作用流向下方的料面。除非场地限制，一般不采用先上架后接种的方式。

用自制摇床生产液体菌种，既能够实现菌种液态化，同时避免发酵罐生产液态菌种的设备投资大、技术要求高的难题，适合中、小规模栽培者的菌种生产自用。栽培实践证明，完全可以通过增加

液体接种

摇床数量实现大规模栽培或液体菌种批量生产销售。

4. 发菌 接种后的栽培瓶尽可能平放一段时间，以利于菌液渗透进培养料内。培养室用前应彻底清理，喷撒生石灰或密闭培养室熏蒸消毒。现在普遍采用的立体框架栽培瓶卧位栽培，栽培瓶上架时应尽量保证清洁，轻拿轻放。发菌最初3天，培养室不通风，从第4天开始，每天通风1～2次，每次20～30分钟。发菌阶段初期温度尽量保持低些，一般在15～18℃以下最佳。发菌中后期，温度保持在21℃左右，不要超过26℃或低于6℃，湿度60%～80%。无须遮光培养，但应避免直射光或较强的散射光。

接种后4天，间隔2～3天逐瓶检查一次发菌及污染情况，及时发现有污染菌斑的栽培瓶。将污染严重的栽培瓶进行彻底灭菌处理。仅有1～2处小的污染菌斑的栽培瓶，可集中一处观察，待菌丝已长满料面，对污染菌斑仍然较小的栽培瓶，移到培养窒外打开封膜，用接种铲（每次蘸戊二醛消毒液或75%乙醇）将杂菌斑点小心清除，重新封瓶集中一处上架继续培养。

发菌初期与后期

5. 转色与通气 在适宜的温度和湿度条件下，10～15天后，浅黄色菌丝发至瓶底。此时，应及时进行转色培养，温度调控在22℃左右，光照度200～800勒克斯，每天见光时间不少于10小时。如光照不足，早晚开灯补充光照，湿度保持在85%左右。5天左右，料面由白色、浅黄色逐渐转为深黄色至橘黄色，在料面上发生小米粒状原基突起，说明转色成功。

菌丝转色前后验收对比

六、出草管理

转色成功后，要在封口膜上打孔，以增加瓶内氧气。具体方法是用锥子在封口膜上打3～4个孔，每天通风2～3次，每次30分钟。每天光照6～8小时，利用室内自然散射光即可。保持室内温度至22℃左右，空气湿度为80%～90%。

原基发生后生长速度加快，此时需要氧气量大。用纸刀在封口膜上垂直划2～4厘米的口子，加大氧气供应。每天通风3次，每次30～40分钟。严格控制温度，保持在20～25℃，湿度维持在85%～95%，每天向地面、墙壁及空中喷清水雾保湿。在子实体

蛹虫草生产后期

生长后期，适当提高光照强度和时间，以保证子实体金黄颜色。

七、产品干制

当蛹虫草子实体长到9～12厘米，上半部分出现细毛刺状突起，说明子实体已经开始成熟，即可采收。具体方法：打开封口膜，将子实体连同培养基一起取出，用纸刀或剪刀从子实体基部割下，注意不要将原料带下。按照长度、粗细、色泽分不同等级，整齐摆放在烘盘内，50～55℃烘箱或烘干室通风排湿干燥，干燥过程不要翻动。用手可以掰断子实体时，说明含水量已经达到13%左右，干燥结束。此时子实体容易折断，需要在房间放置4～6小时回潮，事先在房间地面洒点水。回潮的虫草既干燥又柔软，易于包装。

将子实体按照经销商的要求分等级包装，采用食品级塑料袋，每袋盛装500～1 000克。包装好的虫草子实体应放在干燥通风、避光洁净的储存架上保藏，子实体袋不要互相挤压。长期存放应当在每袋中放食品级干燥剂袋，定期检查，如回潮立即换干燥剂或避光干燥。保藏过程中一定要避免光照，长时间光照即使是散射光，都会使子实体褪色，影响外观质量。

烘干后的子实体

八、病虫防控

蛹虫草病虫害防治要贯彻"预防为主，综合防治"的植保方针。具体应把好菌种质量关，选用高抗、多抗的品种；搞好菇场环境卫生，使用前消毒灭菌，工具及时洗净消毒，废弃料应运至远离菇房的地方，培养料要求新鲜、无霉变，并进行彻底灭菌，创造适宜的生育环境条件；菇房放风口用防虫网封闭。生产各个阶段发生杂菌感染，应拣出烧毁，在栽培期间，不得向菇体喷洒任何化学药剂。

发菌早期酵母污染　　　　　　　　后期绿霉污染

图书在版编目（CIP）数据

图说15种食用菌精准栽培 / 宋金俤等编著. —北京：中国农业出版社，2013.5（2016.9重印）

（谁种谁赚钱·设施蔬菜技术丛书/常有宏，余文贵，陈新主编）

ISBN 978-7-109-17730-7

Ⅰ. ①图… Ⅱ. ①宋… Ⅲ. ①食用菌类—蔬菜园艺—图解 Ⅳ. ①S646-64

中国版本图书馆CIP数据核字（2013）第050353号

中国农业出版社出版

（北京市朝阳区农展馆北路2号）

（邮政编码100125）

责任编辑　杨天桥

北京中科印刷有限公司印刷　新华书店北京发行所发行

2013年5月第1版　2016年9月北京第2次印刷

开本：850mm×1168mm　1/32　印张：8

字数：226千字　印数：4001～7000册

定价：48.00元

（凡本版图书出现印刷、装订错误，请向出版社发行部调换）